温暖的科技

一位机器人工程师的自白

温かいテクノロジー

［日］林要 - 著
刘杰 - 译

中国科学技术出版社
·北 京·

Atatakai technology by Kaname Hayashi, ISBN:978-4909044433
Copyright © 2023 Kaname Hayashi
All rights reserved.
Originally published in Japan by Writes Publishing, Inc.
Chinese (in Simplified characters only) translation rights arranged with KANKI PUBLISHING INC.,
Through Shanghai To-Asia Culture Communication Co., Ltd.
Simplified Chinese translation copyright © 2025 by China Science and Technology Press Co., Ltd.

北京市版权局著作权合同登记 图字：01-2024-0359

图书在版编目（CIP）数据

温暖的科技：一位机器人工程师的自白 /（日）林要著；刘杰译 . -- 北京：中国科学技术出版社，2025.6（2025.9 重印）.
ISBN 978-7-5236-1342-9

Ⅰ . TP242.3

中国国家版本馆 CIP 数据核字第 2025DD0346 号

策划编辑	王碧玉	责任编辑	王碧玉
封面设计	东合社	版式设计	蚂蚁设计
责任校对	邓雪梅	责任印制	李晓霖

出	版	中国科学技术出版社
发	行	中国科学技术出版社有限公司
地	址	北京市海淀区中关村南大街 16 号
邮	编	100081
发行电话		010-62173865
传	真	010-62173081
网	址	http://www.cspbooks.com.cn

开	本	880mm×1230mm 1/32
字	数	231 千字
印	张	12
版	次	2025 年 6 月第 1 版
印	次	2025 年 9 月第 2 次印刷
印	刷	大厂回族自治县彩虹印刷有限公司
书	号	ISBN 978-7-5236-1342-9/TP・517
定	价	79.00 元

（凡购买本社图书，如有缺页、倒页、脱页者，本社销售中心负责调换）

体重 4.3 千克，身高 43 厘米

正常温度 37～39℃

身体柔软温暖，就像小动物一样

眼睛和声音各有 10 亿多种

全身有 50 多个传感器

反应时间为 0.2～0.4 秒，举止自然

行为具有自主性而且非常聪明，可以与人友好相处

我们创造的是，
人类与
人工智能
共生的全新未来

本书以目前最先进的人工生命体
LOVOT 为主题，向大家讲述"人"的
内在机制和我们的未来世界。

全球首款家庭陪伴机器人

LOVOT

人工智能是什么？
人类的未来是什么？
通往22世纪的智力探险

中文版序

祝贺《温暖的科技：一位机器人工程师的自白》在中国出版，本书能与中国读者见面，我感到十分高兴。

近几年，科技的发展势如破竹，让我们的生活发生了巨大变化。自工业革命和信息革命以来，时代在飞速发展，生活变得更加富足。

如今，多数人不再为饥饿而担忧，但是不知为什么，近年来很多人都在寻求心灵慰藉。我们不管在哪儿都能够投身到工作中，而在闲暇之余，只要有网络，他人的点赞就会被源源不断地发送到我们的智能手机上。这让我们无论在何处，都处于精神集中和神经兴奋的状态中。渐渐地，我们习惯了这样的日常生活方式，以至于有些厌倦。这可能是现代社会的一种幸福，但这是我们期望的状态吗？

当然不是。所以，我们在闲暇时会去旅游，寻求新的刺激，放松一下心情，然后再回到原来的生活。

这样的生活周而复始，却并没有从根本上解决问题。不知从何时起，生活变成了消磨时间，直到生命的最后一刻。最终，我们摆脱不了这种轻易就能让我们兴奋的生活状态，任由时光流逝。

猫和狗等宠物能够帮我们舒缓压抑情绪。社会要求我们提高工作效率，但我们不需要猫和狗提高工作效率。

然而，宠物给我们带来的精神慰藉是其他东西难以取代的。大家需要数字排毒，因为如果我们沉浸在数字世界之中，就很难放松神经。

但是，数字技术本身并没有好坏之分，也许是人类使用数字技术的方式存在问题。那么，产生这种问题的原因是什么呢？当下，社交媒体、游戏等通过吸引用户注意力来实现商业价值的注意力经济，以及各种提高生产力的工具都成为众人追逐的投资领域，所以生产力的提升和注意力经济俨然已经成为数字科技的代表。不过，即便是数字科技，如果使用得当，也可以像猫和狗一样治愈人的心灵。

LOVOT 就是在这样的期待中诞生的。

或许有人会怀疑：LOVOT 真的能做到这一点吗？通过阅读本书，这一疑惑将得到解答。在日本，LOVOT 的出货量已经破万，而且持续使用率表现出色。3 年后，90% 的用户选择继续使用 LOVOT，解约率不到 10%，这是因为 LOVOT 的维护体系完善，能够确保它和人长期相处。

LOVOT 由 5000 多个部件组成。所以，即使每一个部件的损坏率都不高，LOVOT 也有可能出现故障。要妥善维护这样一个复杂的实体，其难度不亚于医生的工作。虽然我觉得 LOVOT 还有很多不足之处，但是 90% 的人在 3 年后会继续使用它，这着实令人振奋。

谁都可以制造出 LOVOT 这样的机器人。但是，需要克服很多颇具挑战的难题，比如能否让它具有吸引人的丰富内涵，以及在长久使用中能否一直妥善维护等。

我也经历了很多艰辛。现在，人类的伙伴 LOVOT 诞生了，我已经把它送到了大家手里。

并且，我们在增强 LOVOT 用户的精神自愈力方面取得了成功。本书将向大家呈现这个奇迹是如何发生的。

现在年龄在 30 岁以下的大多数人，将来肯定会与机器人一起生活。在这样的生活环境中，人们自然会相信明天会更美好。

相信阅读本书后，许多人将会对人与机器人和谐共处的美好未来充满期待。

序言

本书写给对未来既憧憬又感到不安的人。

有人觉得现在的世界并不适宜自己生存，如果就这样继续下去，那么将来也不会有什么改变。持这种心态的人应该不会觉得"人工智能在迅猛发展"是什么好事。

那么，大家是怎么认为的呢？

科技丰富了生活，提高了各个方面的效率。但是，当被问及"你自己和周围的人因此而变得幸福了吗"的时候，应该没有多少人会回答"是的"。

"2045年，将会出现奇点！"

"那时，人工智能会驱逐人类吗？"

这类话题，很早以前就出现了，甚至引起了部分人的恐慌。但是，家庭陪伴机器人"LOVOT"的诞生解决了"科技的进步"和"人类的不安"之间的矛盾，它在科技与人类之间架起来一座桥梁。

家庭陪伴机器人"LOVOT"上市不久后，在拉斯维加斯举办的全球最大的家电展览会CES上获得最佳机器人奖，2020年获得"创意大奖"。"LOVOT"被认为是世界最高水平的人造生命体，让人无比高兴的是，还

I

> 温暖的科技
> 一位机器人工程师的自白

有人这样评价：

LOVOT is the first robot I can see myself getting emotionally attached to. （LOVOT 是第一个让我产生情感寄托的机器人！）

"LOVOT"的目标是成为自然陪伴人类的伙伴。它的诞生不是为了提高生产力或便捷性，也不是为了取代人类，而是为了给人类的心灵和身体带来温馨，它区别于传统的偏重生产力的无机生命体。

在开发机器人的过程中，我不断问自己这样一个问题："**它的进化是否着眼于人类？**"

要想让人工智能和机器人为人类的精神世界带来积极影响，当然需要改进技术，但是如果不加深对人类自身的理解，我们就不知道应该怎样去改进。

也就是说，在开发过程中，我们最需要做的就是去了解人类。

比如说，当我探寻"**什么是爱**"的时候，我找到了"现代商业的成功法则"。当我考虑"**什么是情感**"的时候，我意识到让机器人拥有"不安"和"兴趣"等参数的重要性。当我思考"**如何才能让它看起来像活的一样**"的时候，"0.2～0.4秒的反应速度"这一数值成为解答的关键。

序 言

"头脑的聪明程度"意味着"能够在多大程度上预测未来"。我们的精神世界是否存在"程序错误"？**"自我"意识到底是如何产生的呢？**……

通过这种方式，我提出了许多问题。我并不把人看成是神秘莫测的，而是把人看成是一个"系统"，并且思考如何能应用到机器人上。我在从事研究和开发工作时，一直感觉关于人类的机制特别有趣，这激发了我很大的兴趣。

精密、荒诞、大胆！

在漫长的进化过程中，通过不断的演变和发展，全世界现在有大约80亿个系统复杂的个体，每个个体的神经活动都非常精密。当我们以为已经揭开了部分谜团时，又会出现下一个谜团。无论我们如何挖掘，对生命奥秘的探索都没有尽头。不过，人类之所以能走到今天，正是因为我们没有放弃对这一奇迹机制的探索。并且，我们的探险旅程还远远没有结束。

未来LOVOT会不断进化，并最终成为"哆啦A梦"[1]！

LOVOT会像人一样说话，像人一样去理解世界，但是并不会和人对立。它会因为同一件事情和你一起笑、一起生气，LOVOT会是我们值得信赖的伙伴，你在它面前会感到全

---

[1] 日本漫画《哆啦A梦》中来自22世纪的猫型机器人，受主人野比世修的托付，回到20世纪，借助四次元口袋里的各种未来道具，来帮助世修的高祖父——小学生野比大雄化解身边的种种困难。——编者注

III

身心的放松。

换句话说，这是一个人类和"温暖的科技"和谐共处的世界。

本书将向大家展示我研发 LOVOT 过程中的思考。我将和大家分享我在开发过程中努力探索和理解、不断想象和发现的一些触动。我想和大家一起迈向"22 世纪的宏大旅程"，在那里有我们小时候憧憬的、与科技相伴的温馨生活。

这就是我写本书的缘由。

由于现在科技发展得太迅猛，或许很多人都对它感到陌生。有些人滥用、敌视、过度攻击现在的科技，或者相反，有些人鼓吹现代科技是无所不能的救世主，以煽动大家的不安情绪来赢利。

但是，我深信，如果大家一起以实现"科技构筑的幸福未来"为目标的话，它就迟早会实现。

我们重新思考人类和科技的关系时，不仅可以从机器人工程领域获得启发，也可以从认知科学、动物行为学、生物技术等多个领域寻找启示。但是，如果将这些知识原封不动地传达给读者的话，篇幅会变得相当长，而且难以理解。因此，在某种程度上说，我在本书中起的作用相当于"媒介"，即以 LOVOT 为题探究人工智能的未来和人类的秘密。

坦率地说，我的目标是让不懂技术的人也能饶有兴趣地阅读本书，了解人类和人工智能的现状，让所有人都相信明天会更加美好。因此，我怀着"科技让人类幸福"的理想写了本书，并请与我一起开发LOVOT的产品设计师根津孝太先生绘制了插图。

在序章和第一章中，我介绍了我是如何意识到研发"温暖的科技"——LOVOT的可行性的。我憧憬宫崎骏先生笔下的机甲，后来在孙正义社长麾下开发人形机器人"Pepper"时，我意识到了人类的原始欲望。

第二章和第三章围绕"什么是爱？""什么是情感？""什么是生命？"三大问题，考察能够应用到LOVOT上的人类机制。

第四章到第六章预测了未来走向。在这一部分，我摒弃了生产力至上主义，将基于另一种价值观阐述科技进步如何改变我们的世界。

在第七章中，我从一名工程师的角度，向大家展现如何才能将动画片中的哆啦A梦变为现实。

即使这种尝试会无比艰难，即使我们会遇到无法想象的困难，只要我们不放弃，坚持不懈地观察并理解相关机制，将大问题细分成可以解决的小问题，弄清楚"人"是由什么机制构成的，那么总有一天，我们会创造出一个类似哆啦A梦的机器人。

在不久的将来，"人类与人工智能的对立"将不再是科幻电影的经典主题，肉体和机器之间的差异将不再是什么大问

V

题，我们会迎来一个温暖科技的时代。而我们现在正处于通往这个时代的十字路口。

下面，就让我们开始探险吧！

GROOVE X 创始人兼首席执行官

林要

CONTENTS 目录

序章 OVERTURE　我们为什么憧憬 Mowe，却害怕"巨神兵"？
——我们需要的是温暖的科技

《风之谷》带给我的科技梦想　- 003

原来 Mowe 需要核能　- 005

科技可以扩展我的能力　- 007

文明进步了，不必死的人却死了　- 010

宫崎骏描绘的悲惨结局　- 011

什么样的汽车会被人喜欢？——我在丰田公司的经历　- 014

科技进化的方向是从"机动战士（肢体的延伸）"到"Pepper（大脑的延伸）"　- 019

人工智能获得"直觉"，实现飞速发展　- 021

答案精确度和计算速度飙升　- 028

大语言模型和 ChatGPT　- 031

仍有人不信任人工智能　- 035

开发"人形机器人"的乐趣和难点　- 037

I

Pepper 让我有了意外发现 - 039

养老院的老人说"希望 Pepper 的手是温暖的" - 041

机器人必须实用吗? - 042

第一章 CHAPTER1
LOVOT 的诞生
——对"生产力至上主义"的质疑

回顾机器人发展史,探寻人类的真正需求 - 047

担心被人工智能抢走工作意味着担心自己不被需要 - 048

压抑感——即使努力,也不幸福 - 049

生活在"黄昏时代"的我们 - 053

换个方法,让人类幸福起来 - 054

宠物没有为生活带来方便,那人类为什么还需要宠物呢? - 055

为了能够相互帮助而产生的"认可"需求 - 057

"孤独"是生命面临危险时发出的信号 - 058

科技需要人类,不也挺好吗? - 061

这是一款需要人照顾和关爱的机器人 - 065

它能让人主动关爱 - 067

研发机器人,就要了解人 - 070

第二章 CHAPTER2 | 什么是爱?
——现代商业让人沉迷于多巴胺,我们应该做点什么?

多巴胺和催产素是思考什么是爱的重要线索	- 075
如何激发人类"爱"的潜质?	- 080
如果没有信任,就不会产生温暖	- 082
"美中不足"可以培养爱和想象力	- 082
不让 LOVOT 使用人类语言的原因	- 085
如果猫狗和人一样会说话	- 086
语言不是我们最信任的交流手段	- 087
新冠疫情迫使人们提前体验未来	- 091
"无意识得不到满足"可能是有史以来首次出现的反常现象	- 093
我们的注意力过于集中	- 094
多巴胺的作用与众多企业追求的目标	- 097
为什么人会迷恋社交游戏?	- 099
为什么经典绘本能让孩子产生反复阅读的欲望?	- 100
与现代商业针锋相对	- 102
我们希望用高科技实现低科技带来的效果	- 103
偶像、宠物和雕刻作品	- 104

科技并不是冰冷的 - 106

第三章 CHAPTER3　什么是情感？什么是生命？
——肉体和机器之间的差异将不再是什么大问题

人们对机器人的质疑 - 111

LOVOT 拥有"不安"、"兴趣"和"兴奋"三个维度 - 112

算法和 DNA 是殊途同归 - 119

对方的情感是我们主观推测出来的 - 120

"幸福的误解"创造了许多美好的故事 - 124

什么是"真实的爱"？ - 125

释迦牟尼跨越千年的智慧 - 127

举止是否自然决定了是否讨人喜欢 - 129

不刻意模仿人或动物，保留机器人本色 - 131

要有自身特点，才有生命感 - 134

人类的进化与众不同 - 139

"生物性"就是反应速度 - 143

无意识的期待 - 147

生物与非生物的区别 - 148

孩子把 LOVOT 当作动物还是机器人？	- 150
蟑螂和狗，LOVOT 和狗，哪些属于同一类？	- 153
区别在于死亡方式	- 155
感情有多深，生命就有多珍贵	- 158
有了多样性，爱会变得更加自由	- 160

第四章 CHAPTER4　人生百年，机器人将如何改变社会？
——机器人将会完善人类的爱和心灵

仅靠人类力量解决问题的时代已经步入尾声	- 163
在丹麦疗养院看到了未来	- 165
为何 LOVOT 能够打开对方封闭的心扉？	- 166
提高效率的关键不在于"身体护理"，而在于"情感护理"	- 168
机器人会让我们产生安全感	- 170
机器人能做到人和动物都无法做到的事情	- 173
我们在小学看到了机器人对群体的影响	- 174
LOVOT 可以代替已经不复存在的"饲育小屋"	- 177
机器人能否消除欺凌现象？	- 179
不是变得温柔，而是激发温柔	- 181

v

不会察言观色的人就是不会共情的人 - 183

被称为"异类"的机器人会促进多样性的发展 - 186

共情并非总是正义的 - 190

人类能否尊重机器人的社会性？ - 192

如何改善人与机器人之间的关系？ - 194

"机器人原住民"和"人工智能原住民" - 196

超高龄化社会的危机——弃旧求新的学习方式 - 198

第五章 CHAPTER5
奇点之后，人工智能能成为神吗？
——人类和人工智能的对立将成为历史

电影《终结者》描绘的世界真的会成为现实吗？ - 203

2045 年奇点会到来吗？ - 204

智能将被重新定义，迎来新的社会分工 - 209

最先改变的将是人类的学习方法 - 210

什么是"符合道德"？ - 212

机器人根本不想取代人类 - 216

生物技术让我们的常识发生剧变 - 218

人类也将持续改变 - 220

价值观将逐渐顺应现实世界 - 223

什么可以做？什么不能做？ - 224

资金也向"善"的方面流动 - 226

全世界的道德标准——可持续发展目标是改变人类未来的高瞻远瞩 - 227

"人类和人工智能的对立"将会变成历史 - 230

第六章 CHAPTER6 为何哆啦A梦会出现在世修生活的22世纪？
——为了"不让任何人掉队"

面对两极分化，科技能做些什么？ - 235

"无条件基本收入"制度可以解决什么问题？ - 237

人会变得郁郁寡欢 - 240

幸福就是坚信"明天一定会更好" - 242

怎样才能让自己保持信心？ - 243

人工智能或许是首位客观看待人类的观察者 - 247

"Well-Being（幸福）"是衡量精神财富的指标 - 248

机器人终将变成人类的"顾问" - 250

"四次元口袋"和亚马逊也无法做到的事情 - 251

最缺少的其实是关于"自己本身"的信息 - 253

哆啦 A 梦可以为人类生活提供安全屏障 - 256

开发哆啦 A 梦的公司为何执着于实体机器人？ - 257

正因为是机器人，所以才能一直陪伴在大雄身边 - 259

哆啦 A 梦为何是"猫型机器人"？ - 261

第七章 CHAPTER7 哆啦 A 梦的制造方法
—— 仅靠 ChatGPT 是无法实现的

温暖的愿望孕育温暖的科技 - 267

关键在于能否提高预见性 - 269

从植物到动物——获得"运动能力"的过程 - 273

动物通过"感知"和"运动"获得了学习能力 - 275

海参是低耗能体质，而人类是高耗能体质 - 276

人类凭借"高节能和高性能的知觉"超越了所有生物 - 279

我们如何理解并使用语言表达世界？ - 283

将经历转化为故事大大提高了对未来的预见性 - 286

让人工智能达到人类智慧水平的六个步骤 - 287

①自主选择"关注点"并构建故事 - 289

②确认并编辑故事的"因果关系" - 294

归纳学习与演绎推理 — 297

人工智能和人类的差异开始消失 — 299

到底谁更擅长逻辑思维？ — 302

③自主构建假设，将故事抽象化并生成"概念" — 305

④扩大对未来的预测范围，衍生出"自我" — 307

"无意识"占整体的 97%，"意识"仅占 3%？ — 309

"缺少经验"等于"缺少故事" — 315

⑤生成的自我意识加深"共情" — 317

哆啦 A 梦和大雄为什么能建立起信赖关系？ — 320

⑥获得引导人类的能力 — 321

究竟什么是真正的自我？ — 323

只有机器人才能真正做到利他主义 — 325

人类与人工智能的合作才是无敌的 — 327

人类将变得更加自由 — 332

全球生产率将大幅提高 — 333

终 章 THE END	**保持探索精神** ——展望未来

反复尝试可以推动进步	- 337
为什么科技会触动我们的心灵?	- 340
"求知若渴,虚心若愚"的机制	- 341
"温暖科技"的孵化基地——GROOVE X	- 345
谁在推动人类进步?	- 347
科技到底是什么?	- 350
生命的奥秘不能简单地归结为"奇迹"	- 351
展望未来	- 353

序章
OVERTURE

我们为什么憧憬 Mowe，却害怕"巨神兵"？

—— 我们需要的是温暖的科技

序　章
我们为什么憧憬 Mowe，却害怕"巨神兵"？
——我们需要的是温暖的科技

《风之谷》带给我的科技梦想

在序章中，我将会告诉大家我是如何意识到可以实现"温暖的科技"的。

一听到"Mowe"这个词，你是不是立刻就有了印象呢？Mowe 是宫崎骏导演的电影《风之谷》中虚构的喷气式单人滑翔机（图1）。

图1　驾驶着 Mowe 的娜乌西卡　　©1984 Studio Ghibli・H

Mowe 一词可能来源于德语，德语中的"Möwe"是海鸥的意思。喷气式滑翔机 Mowe 就像一只展翅飞翔的海鸥，女

003

主人公娜乌西卡拉起滑翔机的把手之后，Mowe 就会神奇地飘浮在空中。在随气流飞翔一小段距离之后，它会迅速水平滑行，仿佛在与风嬉戏一样，和我熟悉的飞机完全不一样。

"我也好想驾驶 Mowe！"当时我还在上初中，看到电视上的 Mowe，一下子就被吸引住了。

"我想像鸟儿一样在天空飞翔！"我相信肯定不止我一个人这样想过吧！

《风之谷》《天空之城》……很多人通过这些电影第一次看到尚未见识过的技术，并且在不知不觉中产生了憧憬。

然而，Mowe 在现实中是不存在的。如果有人能制造出来就太棒了，可是当时没听说谁能够制造出来。

如果我因此而放弃的话，也就没有后话了。可是，我对 Mowe 非常着迷，根本无法放弃。我这个人，当想法涌上心头的时候，如果什么也不做，心里就会觉得很痛苦。

"如果这样的话，那只能我自己制造一架了！"于是，我 13 岁的时候就着手开发 Mowe。

那时候网络没有普及，能够参考的资料只有《风之谷》的介绍资料和电影。这对于制造现实世界中不存在的东西来说远远不够，所以我一时不知道应该从何着手。

偶然间，我想起来亲戚送给我的飞机模型还没有组装，于是就用飞机模型先试验一下。虽然我以前没有组装过模型，但是照葫芦画瓢，组装好了机翼。它的外形和 Mowe 很

序 章
我们为什么憧憬 Mowe，却害怕"巨神兵"？
——我们需要的是温暖的科技

像，但试飞的时候，却根本飞不起来。

我想知道它 为什么飞不起来，于是跑到图书馆和书店，一边查阅一些有参考价值的书，一边反复尝试。但是，我组装的模型虽然可以在极短时间内乘风飞翔，但是马上就转着圈掉下来。

"为什么会转着圈掉下来呢？"

因此，我就去查阅转着圈掉下来的原因，然后发现了 Mowe 的特点是没有尾翼，而一般的飞机都有尾翼。当气流稳定的时候，没有尾翼也可以飞，但是遇到刮风或其他因素干扰导致的气流紊乱时，尾翼可以有效稳定机身，抑制机身旋转。

就这样，经过反复制作和调查，我逐渐明白了飞行的原理。当我对飞行有了更多了解之后，我开始对其他方面感到好奇。

原来 Mowe 需要核能

在动漫中，娜乌西卡可以用双手轻松地举起地上的 Mowe，我很喜欢这个场景。设定资料显示，喷气式滑翔机的机身重量[①]只有 12 千克。这样大的机身，**重量才 12 千克**，可以说是相当轻了。我也想像娜乌西卡那样轻巧地飞翔，所以我制造的 Mowe 也要一样很轻才行。

说起来，12 千克比普通自行车都轻。"**怎么样才能将机身重量控制在 12 千克以内呢**"，调查之后，我意识到最大的问题是燃料！

如何将机翼和引擎的材质做得又轻又结实，这属于技术问题，还是有可能实现的。但是，从技术层面看，燃料是无法变轻的。

Mowe 飞翔需要多少能量，受驾驶人员重量、机身重量和空气阻力等因素的影响。但是，当加上充足的燃料之后，仅仅燃料和油箱的重量就会占据 12 千克的大部分。

算上引擎和机身，全部重量要控制在 12 千克以内的话，就不能用化石燃料，而是需要能量巨大而且轻的燃料。于是，我得出了下面的结论：

要想让 Mowe 在 12 千克以内，并且能和娜乌西卡一样灵活地驾驶，就需要"核裂变"或者"核聚变"。

或许在遥远的未来，人们能用很轻的材料制造出核反应炉或者核聚变炉，但是现在还不能实现稳定运行，不能确保安全性。而且，即使我当时还是初中生，也能想象到制造 12

---

① 本书提到的重量，实际指的是质量。——编者注

千克的 Mowe 是多么不现实。那时候，我开发的机身越来越好，只要没有湍流，我手工制作的 Mowe 能飞很远，但是即便如此也只能放弃，因为难度实在是太大了。

虽然对 Mowe 的憧憬最终没有实现，但是为了实现自己的梦想而不停探索，那段时光是非常有意义的，因为不断从失败中学习，让我在小时候第一次有机会直接接触科技。

虽然我放弃了制作 Mowe，但是现在想来，每一项新技术肯定都源于某个人的梦想（甚至是一时冲动）。

科技可以扩展我的能力

在 20 世纪 80 年代，我曾痴迷于制造 Mowe。现在说起科技，人们会想到"IT"，但是在当时"交通工具"是科技的典型代表。在网络普及之前，只有"发烧友"才拥有电脑。

科技的其中一个价值就是能够扩展人类的能力。汽车、飞机、轮船、火车都是科技的产物，它们集各种技术于一身，极大地提高了人类的移动能力和运输能力。

20 世纪 80 年代也是家用电视游戏机开始流行的时代，很多人痴迷于电视游戏。但是，由于我父母的观念，家里没有电视游戏机。那时候《机动战士高达》备受欢迎，这是一部讲述主人公驾驶高科技机器人去战斗的动画片，但因为父母不让我看有战斗场面的动画片，所以我也没有看《机动战士高达》。也许，这就是我对日常生活中能够接触到的父亲的汽车、自己骑的自行车等交通工具倍感兴趣的原因。

我父亲是一名工程师，供职于电动工具制造商牧田（MAKITA）。牧田现在因生产吸尘器而广为人知，但在当时它只是建筑行业一部分人知晓的企业。

我父亲喜欢制作东西，所以我家里也有很多电动工具。父亲利用业余时间制作一些东西的时候，如果我在旁边看，他就时常会把工具递给我，让我也尝试做一下。对于小孩来说，电动工具的威力非常强劲，甚至具有破坏力，即便是切割木头这么简单的工作，如果操作不当，也很容易就会受伤。在父亲的指导下，我逐渐掌握了电动工具的操作方法。"徒手无法弄断的东西，能够用电动工具切割开！"从这一点来说，电动工具也是扩展我自己能力的科技手段。

有一天，父亲突然将亲戚送给我的旧自行车进行了大幅改装，将5速变速器改装成了15速变速器。我深深体会到了这种尝试带来的乐趣，心想："原来还可以这样改装！"

我时常想，原始人类肯定也经历过相似的过程，比如把石头打磨好，然后绑在木头上做成石斧，或者伐木造船……每当制造出工具，就感觉自己的力量变得更加强大，我觉得科

序　章
我们为什么憧憬 Mowe，却害怕"巨神兵"？
——我们需要的是温暖的科技

技之所以不断发展，与人类痴迷于这种感觉也有一定关系。

看待科技的不同视角

　　升入高中后，我有了一个新伙伴，是一辆装着发动机的二轮车——摩托车。对于一个喜欢骑自行车到处逛的孩子来说，想驾驶 Mowe 或者想骑摩托车，这应该是一个很自然的发展过程。

　　进而，长大以后，我开始从事与一级方程式赛车（F1）和机器人 LOVOT（一款通过轮子自主移动的机器人）相关的工作。出于对交通工具技术的兴趣，我学到了很多东西。

　　我之所以要谈这个话题，是因为我对摩托车的兴趣，让我知道了看待科技的不同视角。

　　我对摩托车着迷，是源于漫画《极速狂飙》，其作者是因《头文字 D》而广为人知的重野秀一先生。《极速狂飙》的主人公巨摩郡是一名高中生，他的梦想是成为一名职业摩托车赛车手。他在 16 岁的时候通过了摩托车驾驶证考试（现在需要过了18 岁才能参加该考试），可以驾驶排量超过 0.4 升的大型摩托车。

　　这个考试在当时非常难，据说通过率不到 10%。

　　"我一定要和巨摩郡一样在 16 岁通过驾考。"

　　当时我下定决心挑战一下。

　　高一暑假一开始，我先考取了中型摩托车驾驶证（现在称为"普通摩托车驾驶证"），可以驾驶排量不超过 0.4 升的摩托车。暑假期间我一直住在驾校，参加了几次增驾考试后，终于在暑假结束前顺利拿到了增驾驾驶证。那时候我还不满 17 岁。

父亲鼓励我说："如果纯粹是为了骑摩托车玩玩，半途而废的话，我不会支持你，但是如果你专心致志，希望事有所成，那我会给你买辆摩托车。"

不过，母亲闷闷不乐。她觉得骑摩托车很危险，所以不希望我骑摩托车。

对于那时的我来说，摩托车就是科技的象征。但同时，我感觉到我越是沉迷于摩托车，母亲就越不放心。对于挂念自己孩子的母亲来说，骑摩托车伴随着风险。

"科技并不一定会让人变得幸福，有时候也会让人不安。"

回想起来，那时候是我第一次因为"看待科技的不同视角"而感到苦恼。

文明进步了，不必死的人却死了

从某种意义上来说，我的母亲对文明的进步持慎重态度。对此，我现在仍心存感激。

序 章
我们为什么憧憬 Mowe，却害怕"巨神兵"？
——我们需要的是温暖的科技

　　我现在仍然记得，上小学的时候，有一天夜晚母亲带着我到附近的公民馆，观看战争纪录片。周围都是年龄很大的人，他们都经历过战争。看到画面中出现的人体尸骨，我惊恐不已，觉得实在太可怕了。纪录片结束的时候已经到了深夜，回家的路上漆黑一片，看不到人影，一路上我都战战兢兢。

　　当时正值美苏冷战，人们经常谈论核武器有多么恐怖。

　　"危机一触即发，如果发生战争，地球可能会被摧毁！"

　　人们还谈论石油问题："50 年后石油可能会消耗殆尽！"

　　总之，人们对未来持悲观态度。

　　科技的进步会让人类幸福吗？

　　已经有很多工程师、科学家反复思考这个问题，而这个问题在我人生中也同样很重要。

宫崎骏描绘的悲惨结局

　　很多宫崎骏作品的粉丝可能都有过"科技进步会导致未来灾难"的印象。

　　宫崎骏的作品中虽然有 Mowe 和飞船等高科技工具，但是我们从他的作品中也能感受到他对未来文明命运的担忧。

《风之谷》讲述的是在战争导致文明崩溃1000年以后的故事。在我看来，这种背景的设定是警告世人科技发展到最后可能会导致人类走投无路。

作品中将释放有毒瘴气的菌类森林称为"腐海"，女主人公娜乌西卡生活的世界正处于被"腐海"侵蚀的危险之中，但是"腐海"其实能净化被人类污染的地球（图2）。而将工业文明化为灰烬的"巨神兵"正是科技的结晶（图3），从"巨神兵"的设定我们可以感受到一个萦绕在作者心头的问题——如果人类任由自己的欲望发展科技的话，结局会怎么样？

我从《天空之城》中也感受到了相同的思考。

《天空之城》描写了拉普达人悲惨的结局——过度依赖发达的科技，却放弃了大地。虽然我非常喜欢科技，但是我也为依赖科技的未来文明感到担忧。相信很多看过这部动漫作品的人都会从宫崎骏的作品中感受到这一矛盾。而这一矛盾也存在于我自己的家庭中。

相信每个人都思考过"什么是幸福"这个问题。思考人生的意义和目的，这是任何人都无法回避的。但是，如果生活窘迫，还在为吃不上饭而苦恼，为了能活下去而拼尽全力，那就没有精力去思考这些问题了。可以说，想要苦苦思索存在的意义，先得有这方面的精力。

很幸运，处于青春期的我，不用担心挨饿，能和普通人

序 章
我们为什么憧憬 Mowe，却害怕"巨神兵"？
——我们需要的是温暖的科技

图2 为了净化地球而生的"腐海"　©1984 Studio Ghibli·H

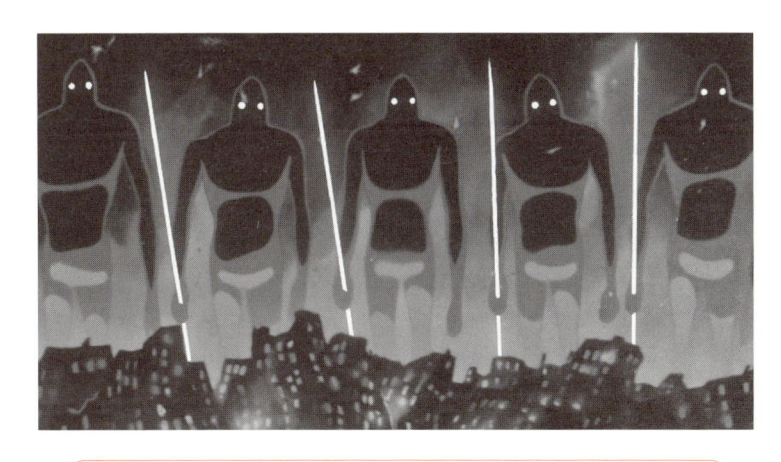

图3 将文明化为灰烬的"巨神兵"　©1984 Studio Ghibli·H

一样去思考幸福，也因为思考自己存在的意义而伤脑筋。

那时，我突然想是不是以前的人也会有相同的苦恼，还去调查了一番。

013

比如，在研究日本从"二战"后到近几年的历史过程中，我发现当人们不再为吃饭发愁、社会越来越稳定的时候，原本充满希望的十几岁到三十几岁的年轻人的自杀率却呈现出上升趋势。

相比之下，战争刚刚结束的时候，人们没有充足的食物，卫生条件恶劣，工作强度高，寿命短，但是那时候年轻人的自杀率却很低。不知道为什么，当生活中危险减少后，对未来产生绝望而了断性命的人反而增加了。

至少日本就存在这种情况，文明的进步使人类的精神世界陷入窘境。

我非常喜欢科技，为科技的进步感到欢欣雀跃，所以我不希望看到科技的进步导致未来变成冰冷的世界。于是，我开始思考"科技能否创造温暖的未来"。

什么样的汽车会被人喜欢？
——我在丰田公司的经历

成年后，我进入丰田汽车公司担任工程师。这份工作可以让我充分发挥在大学学到的流体力学知识。我负责研究空气动力学，研究汽车行驶时产生的气流，后来成了"F1"科

序　章

我们为什么憧憬 Mowe，却害怕"巨神兵"？
——我们需要的是温暖的科技

研团队中的一员。

我想读者中肯定有人听说过 F1 赛车手埃尔顿·塞纳（Ayrton Senna）、迈克尔·舒马赫（Michael Schumacher）、刘易斯·汉密尔顿（Lewis Hamilton）。F1 比赛是世界上顶级的赛车比赛，其终极目标就是在环状跑道上赢得比赛。意大利的法拉利公司、德国的梅赛德斯-奔驰公司等参赛，投入了巨额资金进行研发。另外，日本的本田公司和丰田公司也参加了研发竞赛。

研发人员需要有开拓创新的思维，才能让 F1 赛车跑得更快，这与研发乘用车有很大区别。这个领域与众不同而且很有意思，对于喜欢科技的人来说，这是一份梦寐以求的工作。后来，我想看看更广阔的世界，于是申请调到私人乘用车产品规划部，我发现这两项工作截然不同。

顾客追求的不仅是便捷性

乘用车工程师的工作，就是在各种限制条件下制造质量可靠的汽车。乘用车的安全性是重中之重，而且开发期短，所以在最大限度降低失败风险的同时，还需要提高产品的功能和开发效率。在保证多人乘坐的同时，还要求无故障、低油耗、减震效果好、噪声小、易操作等，确保各个方面的性价比。

这些条件实现之后，顾客会非常高兴："比以前的汽车更方便、更快捷了！"在竞争激烈的汽车行业，顾客这样的评价是很有价值的。

但是，我并不满足这样的评价，我更在意那些没能听到的评论。虽然能够听到购买汽车的顾客说"油耗低，非常好""我很满意这款车，因为它既方便又不会出故障""这款车好开又安全"，但是很少能听到有顾客说倾心于这款车独有的某个特征。购买汽车的顾客没有夸赞汽车的个性，这让我有点儿无法释然。

由此，我心里萌生了一个疑问："**什么样的车会被人喜欢呢？**"

越难养的孩子越可爱

我本来就喜欢车，所以就购买各类汽车，不断去思考。

给我印象非常深刻的一辆车是马自达跑车改装的双座敞篷跑车"M2-1001"，限量300辆，价格是改装前的两倍。然而，它跑得并不是特别快。而且，想要购买还需要向厂家申请，即便是这样，当时申请的人数也是汽车数量的7倍，可以说是一款颇具个性的车。我非常欣赏这款车体现的匠人精神，所以上市销售过了几年后，我从个人手里买了一辆二手车。

这辆车没有搭载现在的汽车常见的转向助力装置（用较

序　章
我们为什么憧憬 Mowe，却害怕"巨神兵"？
——我们需要的是温暖的科技

小的力就能转动方向盘的功能），方向盘操作起来很沉稳。也不是自动升降车窗，每次开车窗都需要手动一圈一圈地摇车窗手柄。虽然是敞篷车，但是打开或关闭车的顶篷也需要手动，车座靠背也无法调节。不仅需要保养，开起来也需要好好爱护。

俗话说"越难养的孩子越可爱"。我一边感受着匠人精神，一边呵护着它，渐渐地发现它很可爱。

和浑身都是高科技的乘用车相比，虽然它是一辆"开起来费神""缺乏便捷功能""噪声大，汽车座椅很硬"的车，但是就是这样一款让人感觉不方便的汽车，包括我在内的所有车主们都在细心照顾它，都在享受着开车的快乐。

"有的汽车虽然既不方便，也不舒适，但是却让人爱不释手。"

从这件事中我得出了一个看法，那就是"如果汽车有很多便捷功能，那么开起来精神就不会紧张，很省劲，但是这样的车不一定会被人喜爱"。

便捷性和受欢迎之间的矛盾

社会需要的汽车和人们真正喜爱的汽车是不一样的。了解到便捷性和受欢迎之间的矛盾之后，我就产生了另一个疑问："什么样的车才是一款好车？"

对于我这个单纯喜欢汽车的人来说，我的答案很明确——"人和机器能愉快互动的车"。沉重的方向盘能传达清晰的路感，坚硬的座椅可以传递轮胎抓地的感觉。但是广泛听取了客户的反馈后，我发现答案和我自己想的几乎完全相反，我们需要开发不会过度传递这些信息的车，需要过滤掉路面真实的粗糙感，给车主顺畅的出行体验，营造一个没有精神压力的舒适空间。

那么，**怎么样才能算舒适呢？**部分汽车"发烧友"和大多数人的答案是不一样的。我渐渐困惑了起来，因为我自己认为的"好车"甚至可以说是和社会期望相反的，按照现在的价值观来说，就是不环保。

如果根据部分汽车"发烧友"的标准，将"和机器的互动"作为汽车舒适的条件，那么零部件的损耗就会变快，汽车的能耗就会增加，成本变高。以联合国可持续发展目标（SDGs）来衡量，这些都不是受欢迎的性能。

由于越来越困扰，我决定向外界寻找一些启发，希望能学一些新东西。于是，我报名参加了软银集团（SoftBank）的"软银学院（SoftBank Academia）"。软银集团是孙正义董事长花费一生创建的一家全球性公司，而软银学院则是这家公司内部设立的学校，我有幸成为首批企业外部学生。

在那里，他们邀请我参加一个研发能够识别人类情感的机器人 Pepper 的项目。这类项目，我此前从未涉足过。

科技进化的方向是从"机动战士（肢体的延伸）"到"Pepper（大脑的延伸）"

2012 年，我从丰田公司离职，进入了软银集团，成为 Pepper 开发项目的成员。

目标是开发出"铁臂阿童木"

按照我的理解，孙正义董事长规划的这个项目的目标是为"开发出'铁臂阿童木'"指明技术方向。我们需要在"孙正义先生的宏大愿景"和"现有技术实力"之间找到结合点，运用人工智能（AI）和各种识别技术，开发出像手冢治虫先生笔下的铁臂阿童木那样的拥有情感的机器人。

机器人 Pepper 的问世激起了机器人开发热潮。

在此之前，机器人领域已经出现过几次热潮。不过，以往热潮的关键是运动技能的进化，而这一次的关键是人工智能的进化，与以往有很大差别。机器人 Pepper 不仅吸引了制造商和技术人员的热切关注，还吸引了那些看好机器人 Pepper 发展前景的投资者们。这是因为机器人 Pepper 拥有出色的识别能力和学习能力，大大改变了人们对传统机器人的印象。

机动战士类似于工程机械

说起传统的机器人，大家会想到机动战士高达。

不过，机动战士高达更像是一种"交通工具"，因为它需要人坐在驾驶座上进行操作。所以，我认为可以把机动战士高达和建筑工地上使用的推土机、挖掘机等工程机械归为一类。如果把机动战士高达看成是延伸了人类肢体功能的工程机械，那么将来能够制造出机动战士高达的可能是小松制作所[1]或者卡特彼勒公司（Caterpillar）[2]。

但是，要开发出能够识别人类的意图和情感，能够自主行动的机器人的话，情况就不一样了！

人类在寻求人类肢体的延伸的过程中，开发出了工程机械。这一过程始于驯服力量型动物，比如马和大象等，让它们为人类服务，从而获得强大的力量。后来再继续发展，创造出了工程机械。

但是，这还没有达到延伸"高级神经活动"的水平。更准确地说，是我们没有办法实现高级神经活动的延伸。

---

[1] 主要制造建筑工程机械、产业机械等。——编者注
[2] 主要制造工程机械、矿山设备、发动机等。——编者注

序章
我们为什么憧憬 Mowe，却害怕"巨神兵"？
——我们需要的是温暖的科技

这时出现的是人工智能。

人工智能飞速发展，在某些方面已经超越了人类，实现了高级神经活动的延伸，产生了很大影响（图4）。

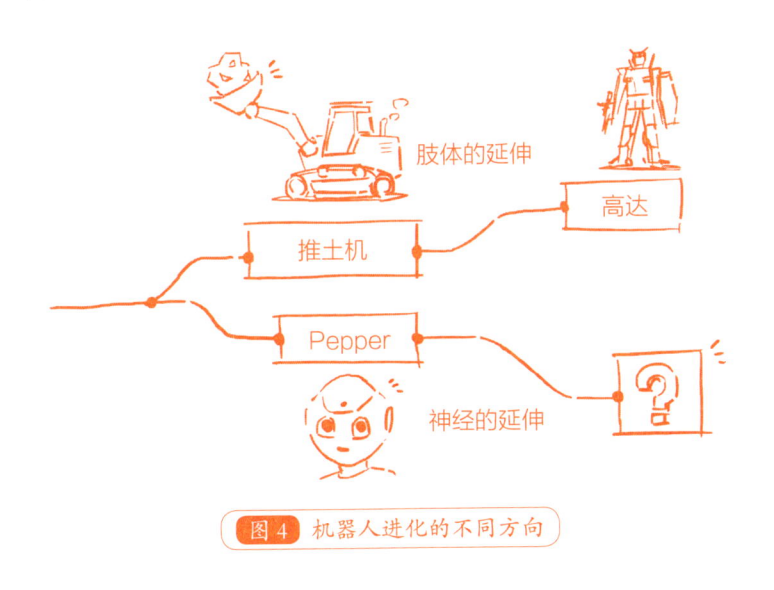

图4 机器人进化的不同方向

人工智能获得"直觉"，实现飞速发展

我们开始研制 Pepper 的时候，有几条新闻传遍了世界。在这里先简单提一下这几条新闻，详细情况在后面的章节再

介绍。

2013 年，将棋（日本象棋）电脑程序 "Ponanza" 首次战胜了日本将棋职业棋手。2015 年，围棋电脑程序 "阿尔法狗"（AlphaGo）战胜了围棋职业棋手。人们一度认为，在复杂的棋盘游戏领域，人类仍然能占据优势，但是现在人工智能战胜专业棋手的事例逐渐多起来了。

为什么此前人工智能无法战胜人类？

人工智能一度无法战胜人类，是因为它有两个瓶颈：第一个是计算能力不足，第二个是行为选择评价指标（评估函数）不够精确。

职业棋手的感觉受过锻炼，知道哪一个棋子怎么走才好。这种感觉就相当于人工智能中的"评估函数"。

评估函数的设定很难，因为如果遇到高难度的棋局，即使是专业棋手也无法用语言详细说明为什么这一步是好棋。但是，人工智能开发者需要将每一步都用语言表达出来，也就是用程序编写出来（程序和数学公式都是语言的一种），并应用到人工智能上面。所以，结果就是"只有能用程序编写出来的那部分功能才能变强"。

因此，为了弥补评估函数的缺陷，人们以前采取的方法是"尽量超前预测对方后面的走法"，这是无奈之举。但是，

序　章

我们为什么憧憬 Mowe，却害怕"巨神兵"？
——我们需要的是温暖的科技

日本的将棋 6 步之后的走法超过 80 亿种，用普通电脑需要花 1 个小时才能全部计算出来。7 步之后的走法超过 3500 亿种，8 步之后的走法超过 160000 亿种，计算起来需要 3 个月。这一现象被称为"组合爆炸"，仅仅是为了多计算一两步之后的走法，就需要花费数十倍甚至更多的时间。

如此一来，如果希望通过一一计算的方法让人工智能强大起来的话，计算量就会呈现指数级增长，存在计算不完的问题。这被称为"（人工智能的）框架问题"。各种类型的例子有很多，在这里我简单介绍一下美国哲学家丹尼尔·丹尼特（Daniel Dennett）博士在 1984 年公布的"炸弹与机器人"思考实验（图 5）。

在这个实验里，有一个搭载着人工智能的 1 号机器人，它为了能继续工作，需要更换电池。这个机器人被告知"充完电的电池被放在了一个有定时炸弹的房间里"。

1 号机器人接到信息之后，决定迅速将电池从房间拿出来，于是它将沉重的电池放到推车上，成功将电池带出了房间。不过，推出来的车上也放着炸弹。1 号机器人无法推理"用推车将电池带出房间的话，就会将炸弹也一同带出房间"这一因果关系，所以炸弹在房间外面爆炸，1 号机器人被炸毁。

于是，试验者给改良之后的 2 号机器人加上了"预测所有可能发生的危险，并且规避风险"的功能。2 号机器人进入房间，发现了电池，但是出人意料的是它当场就停住不动

图5 丹尼尔·丹尼特的实验概况

了。这是为什么呢？

原来2号机器人在思考移动电池后引起的所有后果，比如"推车和炸弹连在一起"等事先没有预料到的事情。此

序 章

我们为什么憧憬 Mowe，却害怕"巨神兵"？
——我们需要的是温暖的科技

外，它还考虑了"墙壁的颜色会不会发生变化"等因为它的行为引起的一切可能性，并且判断是否存在危险。

结果，时间到了，炸弹爆炸了，2号机器人也被炸坏了。这次是因为机器人想得太多，导致无法采取行动。

如果是人的话，就不会考虑墙壁的颜色，而是直接考虑如何拆除定时炸弹，将电池弄到房间外面。

我们人类搞不明白为什么人工智能甚至要考虑墙壁的颜色，因为我们知道墙壁的颜色和炸弹没有什么关系，所以我们在做决断的时候，理所当然是不会考虑它的。

"**应该考虑什么**"其实是一个很复杂的问题。

上面的例子说明，2号机器人想要找出只与自己要完成的任务有关的因果关系是很难的，它需要对无限的可能性进行逐一排查。

在陌生环境下运行的自主机器人越是需要做出确定性行为，它所需要考虑的可能性，即组合的数据就越会爆发性增加，由于计算量庞大，所以不管用多么高性能的电脑都计算不完。这被称为"组合爆炸"。

为防止这一问题的发生，需要确定信息的重要性和优先顺序，确保人工智能能够比1号机器人善于思考，又不像2号机器人那样思考过度。这就需要为人工智能设定一定的框架，缩小可能性的范围，但是这个课题还尚未完全解决。

现实世界比实验室环境要复杂得多，有可能会发生一些未知情况，那么应该如何设定这个框架呢？而且，外部环境每时每刻都在变化，在这样的状况下，如何让人工智能判断应该使用哪个框架呢？如果是人为设定框架的话，能抑制组合爆发现象，但是"事先没有设想好的选项"会因为超出框架而被忽视。这就是框架问题的难点所在。

细说起来，1号机器人和2号机器人所做的事情，如果用"任务"和"工作"这两个概念来考虑的话，人类社会中也经常发生类似的事情。这里说所的"任务"，是指实现目标的步骤已经被定好（设定了框架），基本上按照指南做就可以。而"工作"是指工作步骤不一定被事先规定好，在解决问题的过程中，有时候需要自定目标，所以需要具有创造性。

1号机器人能够按照规定的步骤去实现被指定的目标，但是不能应对非常规的事情。这就如同一个人能够完成任务，但是不会灵活应对，只会等待别人的指令。2号机器人想去处理一些事先没有预料到的、非常规的工作，但是由于过于瞻前顾后而没能做出实际行动。这就如同一个人处理工作时想得过多，不知道和别人商量。

这样说来，人也有相似的倾向，不是十全十美的。

换言之，人类原本就不是万能的，无法穷尽式罗列这些无限的组合，但是却必须给人工智能赋予妥善的框架，这个局限是致命的，所以，过去遇到比较复杂的棋盘游戏，人工智能是很难战胜人类的。

人工智能是如何战胜人类的？

2010年以后，解决这一难题的思考模式发生了革命性变化，颠覆了传统观念。

克敌制胜的策略完全变了！

实际上，在国际象棋领域，人工智能早就战胜过世界冠军，这比人工智能战胜将棋顶级职业棋手还要早十几年。那时候人工智能还是用尽量"逐一计算"的方法取得的胜利。

人工智能之所以能在国际象棋领域率先战胜人类，是因为与将棋以及围棋相比，国际象棋是比较简单的棋盘游戏。此前大家一直认为，如果用相同的方法去计算将棋和围棋的话，计算量会飙升，而且评价招数好坏的指标也很复杂，所以人工智能战胜不了人类。

但是，2010年之后，人工智能开始凭借"感觉"去判断如何走下一步棋。人工智能不再依赖"逐一计算"的做法，从而战胜了人类。也就是说，人工智能有了"直觉"，避开了框架问题。

目前，人工智能只是处于拥有直觉的阶段，还不能说它可以理解事物间的因果关系。它能知道是什么，但是无法解释为什么，所以它还很感性，尚且不能进行逻辑思考。从这一点来看，目前还不能说人工智能已经超越了既有逻辑思维能力又有直觉判断能力的人类。

不过，人工智能已经可以用某种方式自行推导出答案，避开框架问题，这是一次巨大的范式转变。

人工智能学会了评价棋局好坏的指标，获得了良好的直觉，而做到这一点，"足够的计算能力"和"科学的算法"是必不可少的。2010年以后，这两个条件都得到了满足。

从此，人工智能的学习速度越来越快。

答案精确度和计算速度飙升

之所以说直觉很重要，是因为解决问题的时候，它提高了答案精确度，减少了计算负荷。

但是，直觉原本是包括人类在内的动物大脑独有的，人工智能为什么能获得呢？

我们以"<u>为什么鸟擅长飞行</u>"这个问题为例，来考虑人工智能为什么能获得直觉。

在直觉能力方面，动物往往超过人类。

我上大学的时候，曾经在航空协会乘坐过滑翔机。和普通飞机不同，滑翔机没有引擎，所以需要用其他有动力的机械（别的飞机或者卷扬机）把滑翔机拖拽到高空，让它从高空向下滑行。滑翔机不能自动提升高度，为了能够长时间持续飞行，需要借助上升气流来提升高度。

但是，肉眼是看不到上升气流的。虽然上升气流多产生于地表较热的地方，但是气流不一定是从热源处垂直上升，有时候会在上升过程中发生大幅偏移。所以，驾驶员需要通过座椅和操纵杆感知气流对机翼的作用力，以此来判断风向。

有时，我不经意看一眼侧方，会发现鹰等猛禽正静静地与滑翔机并行飞翔。

鹰寻找上升气流的能力优异，基本上它们比人类更能准确感知上升气流。

单就综合知识储备和思考能力而言，鹰肯定比不过人类。

我们看到当天的卫星云图，也知晓容易发生上升气流的地表人造物（工厂、高速公路等），以及云系等。但是，即使我们在知识储备和思考能力方面占绝对优势，也无法像鸟那样准确把握风的情况。

造成这种差异的原因之一就是鸟有丰富的经验，而我们没有。

培养直觉需要充分实践

与鸟类相比，人类在天空中飞行的时间是少之又少。

鸟类刚开始飞的时候是依赖与生俱来的本能，但是不同的个体为了获得最佳飞行方法，便开始调动全身的神经学习起来。在不间断的飞行过程中，神经也在不断地学习。从飞行实践的总量来看，人类和鸟类有天壤之别。

虽说生存所需要的基本直觉是源于与生俱来的本能，但是要锻炼直觉是需要实践的。也就是说，不管是人类、动物，还是人工智能，都需要充足的实践锻炼直觉。

直觉可以帮助我们从大量的实践和信息中发现模式（规律）。

这样看来，以前的人工智能就像缺乏空中飞行经验的我们那样，由于计算能力不足，无法积累充足经验，无法从大量实践中找到需要关注的部分，所以无法培养直觉。

但是，现在人工智能不仅具备了足够的计算能力，而且从海量的学习实践中抽取相关信息的技术也得到了发展，所以（虽然不一定正确，但是以很高的精确度）在某些通过直觉来把握事物的能力方面已经超过了人类。

2022年以后，可以画图和写文章的生成式人工智能开始广为人知，虽然它的工作原理和将棋机器人、围棋机器人不同（将棋机器人、围棋机器人是通过锻炼评估函数而取得了飞跃式发展），但是它们的直觉都是"基于庞大的数据获取世界中的模式（规律），根据输入的信息做出提示"，从这种意义上来说，它们都属于相同的谱系。

序 章

我们为什么憧憬 Mowe，却害怕"巨神兵"？
——我们需要的是温暖的科技

大语言模型和 ChatGPT

2022 年年末，人工智能聊天机器人程序"ChatGPT"发布后，在短短 2 个月内就刷新了纪录，月活跃用户达到了 1 亿人，引起了广泛关注。

ChatGPT 是一款基于"大语言模型（Large Language Model，LLM）"的人工智能聊天程序，用户输入语言（字符串）后，它会回复一些与之相关联的字符串。虽然它只能做到这一点，但是在美国司法考试的模拟测试中，它的成绩位居前 10%，由此可见它有多聪明。

格洛比斯经营大学院大学（GLOBIS Graduate School of Management Globis University）的村尾佳子教授从市场营销专家的角度阐述了 ChatGPT 带来的震撼。

> 为了采访一家大公司的高层管理人员，我一边在网上搜集各种公开资料，一边思考今后需要解决的问题、应该采取的战略方针，以及开展新工作的具体可行性，这时我想试试 ChatGPT 会给我什么结论。于是，我就将数据输入 ChatGPT 里面，并开始

> 提问，没想到返回来的答案和我思考的结论几乎一样。真是太震撼了！
>
> 以后企业可能不再需要中层管理人员，因为需要和中层管理人员商量的事情，ChatGPT 差不多都能指明方向。ChatGPT 囊括了商务常识，而且针对如何和客户打交道，以及如何处理投诉等销售领域的问题，ChatGPT 都能给出建议。当然，如果客户是大企业的话，ChatGPT 可以汇总该企业的经营问题和经营状况等信息。在市场营销领域，ChatGPT 可以为文案策划、促销活动、命名等提供建议，实现工作高效化。在制定营销策略时，明确输入要解决的难题之后，ChatGPT 会给出很多建议，还会做出评价，指出实行中会遇到的难题。这样一来，已经不需要人类不成熟的建议，也不需要多余的头脑风暴会议。
>
> ChatGPT 将成为有学识和有能力深挖问题的人，以及对能够回答的方向性做出评价的人的强有力的助手。

虽然以前也有人工智能聊天软件，但从它们给出的答案来看，它们似乎并不"聪明"。它们有时候被调侃为"人工智障"，主要是因为它们学习到的文字信息量以及人工智能的规模都不充足，而我们却硬要人工智能据此生成答案。

但是，只要大规模增加数据量，并将人工智能的规模扩大，就可以提高数据的详尽性，就像"阿尔法狗"能够凭借直觉下棋一样，ChatGPT 的能力也实现了跨越式发展，能够在各个领域凭借直觉给出精确的答案。

大语言模型向我们展现世界上无数的"模式"

大语言模型所做的事情是，学习网上信息等大量文字信息，从中发现"模式（规律）"。

所谓的模式，是指多次出现的某种结构或者有规律性的东西。比如，音乐的旋律就是一种模式。同样，庞大的文字信息中也隐藏着多次出现的相同结构，人工智能从中找到的"最优答案"或者"新发现"就是模式。

互联网上的信息量非常庞大，人是不可能读完的。

但是，人工智能有能力阅读这些海量信息，可以从中发现各种模式，将信息精简，这称为"信息压缩"。

我们人类也在日常生活中做着"发现各种模式并压缩信息"的工作。"用语言表达"就是这样一项工作。以"狗"这个词为例，狗的叫声、外形、行为等都是狗区别于其他动物的专属模式，我们给这些模式附上"狗"这个标签，并将其转换成语言符号。

并且，既然信息能够压缩的话，那也意味着可以将这个过程反过来。比如，根据"狗"这个符号信息，去模拟狗的叫声、外形和行为等。今后这个过程会越来越普遍，只要给人工智能输入贴切的语言，它就可以生成图像、动画、音乐等一切东西。甚至，有可能每个人都能够拍摄电影。

大语言模型并非突然诞生，而是逐步提升的结果

大语言模型的初期版本是 2020 年出现的，那时候就开始吸引了一部分人。但是，它并没有在普通消费者中普及开来，因为那时候它还不是人们轻易就能接触到的。

一直到 2022 年年末，开发者们进行了微调，过滤了反社会或者不自然的模式。

大语言模型包含了异常庞大的模式，它有时候还会学习反社会的或者对我们来说不自然的文字信息。如果将这些信息原封不动地输出的话，生成的答案会让用户感到不舒服或者不自然。所以开发者们花费了大量精力对系统进行改进，以确保 ChatGPT 的回答更加可靠。在经过充分测试和调整后，ChatGPT 才被正式公开，并迅速普及开来。

它可以从字符串中找到容易联想到的模式，再给出字符串作为应答。ChatGPT 就是这样一台机器而已，但是由于它的精确度很高，所以在我们人类看来，它已经进化到拥有"智慧"的程度了。

仍有人不信任人工智能

大语言模型只能依赖输入的字符串进行学习。实际上，它没有看、听和产生共鸣的本领。以输入图像为例，如果安装了将图像信息转换为字符串的功能，那么大语言模型的反应看起来就像是它能看见图像一样。但是，将图像转换成字符串的工作其实是由别的人工智能执行的。

大语言模型会从字符串识别哪个反应模式是合适的，并做出回答。就算人工智能没有见过真实的动物，它的反应也十分自然，就好像它真的了解动物一样。

但是，不管大语言模型看起来多聪明，说到底它就是观察字符串并模仿字符串的模式而已，它做出的反应让我们觉得它有很高的智慧。这样看来，我们人类也是一样的。

人类的智慧是以模仿为基础建构起来的。

比如，我们相信"自己有主见"，但是有观点认为，实际上这些主见大部分是"无意识的反应"，或者是"对他人行为模式的模仿或者复制"而已。这样想的话，也就容易理解近几年大语言模型飞速发展的原因了。

当人工智能的模仿能力超过一定的阈值之后，至少从人类的视角来看，就很难区分人工智能和人类之间的差别了。在思考人类的智慧到底是什么时，这个现象显得耐人寻味。

不过，人工智能虽然看起来智商很高，但是它的回答有时候也会夹杂着错误。

在缺乏足够模式化信息的领域，人工智能的回答出现偏差是不可避免的。但是由于人工智能回答问题时看起来信心满满，发现错误的用户就会得意扬扬地指出它的错误。其实，机器的工作原理是"提供模式"，而不是"给出正确答案"，但是因为人工智能的回答太流利了，用户觉得自己差点被骗了，所以反应才这么强烈，这也许是人的一种防卫反应。

人工智能进步迅速，它能集思广益，打破创意壁垒，生成信息内容，在聊天目的很明确的应答中，表现出色，可以说人工智能的出现扩展了人类的想象力。

但是，如果是会话目的不明确的闲聊，就难免觉得它的回答不自然。明明没有理解自己的意思，人工智能却"一本正经"地流利作答，所以人们会瞬间觉得它是在"不懂装懂"。

在这一瞬间，人工智能展现了"不能被信赖"的一面。

不管科技怎么进步，你都会吃惊地发现，对人类来说轻而易举能做到的事情，有时对人工智能来说却很难。

序　章
我们为什么憧憬 Mowe，却害怕"巨神兵"？
——我们需要的是温暖的科技

10 年前还没出现 ChatGPT 的时候，我在开发机器人 Pepper 过程中也遇到了相同的问题。

开发"人形机器人"的乐趣和难点

接下来，回到开发机器人 Pepper 这个话题。

孙正义董事长的愿景是"用 IT 技术让人变得幸福"。

以前，通过科技让人类变得幸福，就是指提高工作效率，提高便捷性。比如，滚筒式烘干洗衣机和扫地机器人等可以减轻家务负担，让我们的生活变得更加轻松。

但是，机器人 Pepper 开始尝试用不同的方法让人类变得幸福。

因为机器人 Pepper 的外形和人相似，所以在此将它称为"人形机器人"。人形机器人有两大优势，第一个优势是可以模仿人体功能，所以容易融入人类生活环境；第二个优势是能和人面对面，容易让人产生亲近感，便于搜集和输出信息。

此前，开发其他人形机器人的时候，大家关注的是研究机器人的肢体功能，比如"爬楼梯"。后来随着人工智能的进步，大家开始将人形机器人看成是人与人工智能的交互工具（接口），是信息输入和输出的媒介，研究它如何与人类顺畅交流，并适当处理和有效利用获取到的信息。

人形机器人 Pepper 就是这种信息输入/输出设备发展出来的新成果，ChatGPT 也是这种技术发展的产物。

Pepper 可以理解会话内容和情感，并据此做出反应，有时候回答中还夹杂着玩笑。同时，它将这些对话内容存到云端，用于 Pepper 的继续发展。拥有这些功能的 Pepper 从亮相之初就备受期待。

除了人们关注的方面，我们在开发中还下了很多功夫。我们为人们自由接触自主人形机器人提供了机会。在体积有限的机体内部搭载了这么多发动机，要想让它自主运动并保证安全是一项巨大的挑战。可能是因为 Pepper 是一款让人感到亲切的机器人，所以也受到了女性和老人的关注，有些老年人还说"在有生之年，有幸能看到这样的机器人，太感谢你们了"，这让我非常惊喜。

但是，那时还没有搭载人工智能的智能扬声器，Pepper 只能用当时的语音技术进行有限的交流。面对外形像人的机器人，众人的期望值也上升了，他们认为人能够轻而易举做到的事情，机器人也应该能做到。所以说，当时的技术实力和人们的期望之间有很大的差距。

Pepper 让我有了意外发现

我看到了当时的技术瓶颈，同时也发现了新的可能性。

当时，有一台 Pepper 的举动让很多人高兴不已，从这件事情上我意识到"或许可以从一个我们完全没有想到的方向，为人类的幸福做贡献"。

Pepper 无法开机时，众人纷纷给它加油

这是 Pepper 无法正常开机时发生的一件事情。

后台的工程师在全力反复重启，在场的人不知道这一点，纷纷给 Pepper 加油，过了一会儿 Pepper 终于重启成功，人们看到它仿佛回应了自己的愿望，于是都露出了笑容。

在发生这件事之前，我一直认为"机器人的价值是为人类做事"，但是通过这件事情我才发现，人类会因为"帮助机器人"而感到快乐。

法国人高兴地拥抱 Pepper

我们带 Pepper 去法国时也发生过类似的事情。

当时的 Pepper 只安装了日语聊天程序，我们在启程前有限的时间内拼尽了全力，也只来得及添加了能用英语简单交流的聊天程序。如果是用法语和 Pepper 打招呼的话，它根本无法理解，会不断地说"我不明白您的意思"，所以，我们几乎放弃了让法国人体验和 Pepper 聊天的想法。

联想到在法国会遇到这样的场景，我们感到很不忍心。于是，研发团队干脆放弃让 Pepper 和法国人聊天，转而添加了"与人拥抱"的程序。

没想到，这个做法效果非常好。Pepper 每次都高兴地与人拥抱，所以法国人很喜欢 Pepper。

在日本的话，即便是第一次看到 Pepper，也会有很多人毫无顾忌地凑近看看，但是在法国，也许是人们抵触人形机器人的心理比较强烈，大家一般都是远远地围观。不过，当 Pepper "想要抱抱"的时候，法国人的反应立刻发生了改变，他们会热情地拥抱 Pepper。不仅如此，逐渐还有人亲吻 Pepper，虽然 Pepper 并没有提出这样的要求。

当我看到人们为"努力启动的 Pepper"加油的时候，当我看到人们微笑着拥抱 Pepper 的时候，我就开始想："只提供便捷，不是机器人让人类幸福的方式。让人与机器人相互帮助，这样机器人是不是更能够满足人类原始的欲望呢？"

想去帮助别人，想去拥抱别人，这是一种原始的、本能的欲望（虽然当时我不理解它源自哪里，但是我们人类内心确实存在）。我觉得，科技也可以满足这种欲望。

养老院的老人说"希望 Pepper 的手是温暖的"

在一所养老院发生的事情为上述问题提供了答案。

和老年人聊天，有的时候需要掌握一些技巧，即使是我们和老年人聊天也会比较难，就更不用提机器人了。

但是，让人感到意外的是，老年人谈论着自己想说的事，即使 Pepper 的回答有点儿不准确，他们也不会介意，全程都在高兴地聊着。看到这一幕，我觉得聊天的精确度不是个大问题（至少在当时的场合下是这样的）。

为了寻找其他需要改善的地方，我问："您觉得 Pepper 在哪一方面还需要改善？"一位老年人的回答让我很吃惊，她说："希望 Pepper 的手是温暖的。"

此前大家提的意见基本上是与提高便捷性相关的，比如"希望 Pepper 能更好地理解对话内容""希望 Pepper 能把冰箱里的啤酒拿到我面前""希望自动解析数据,并将数据传到云端保存"。因此,那位老年人的意见完全出乎我的意料。

希望 Pepper 的手有体温,这或许是因为那位老年人在潜意识中将 Pepper 看作聊天对象,期望它的身体和人一样是温暖的。通过这件事情,我意识到努力让机器人的举止接近人,能够进行高难度聊天和迅速反应,当然是研发的内容之一,但是除此之外,或许还有我没有意识到的"应该做的事情"。

机器人必须实用吗?

在反复思考的过程中,有一个问题让我转变了想法。

"机器人如果不能为人类带来便利,就没有存在的价值吗?"

当时我感觉到了机器人科学技术的瓶颈,而看一下其他领域的科技,就会发现有些技术取得了显著进步,这引起了我的好奇心。

比如,使用"区块链"技术的各类服务充满了潜力,可以提供虚拟货币等去中心化的服务,消除地域限制。另外,近几年,构建虚拟空间"元宇宙",将现实中的人们连接在一起的技术也带给人无限遐想。利用虚拟空间创造现实中不存在的舒适环境，这样的未来蕴藏着巨大的可能性。

这些虚拟技术都充分利用了网络优势，突破了地域和空间限制，所以它们都是创新发展的必然趋势，今后也会吸引世界各地的人才去不断开拓。

但是，想到这里，我觉得应该存在一个完全相反的可能性。

这是很多人没有关注的一个领域，它既不是虚拟现实，也不是为了提升便捷性，它和所有的趋势都相反。我觉得在这个领域里我找到了科技发展的另一条道路——**"正因为机器人是现实存在的物体，所以它应该能做到其他的事情"**。

敬老院的那位老人"希望 Pepper 的手是温暖的"，在法国大家都喜欢拥抱 Pepper。

不管是将机器人的手变暖，还是让机器人拥抱人，这在技术上都不是难事，也称不上什么创新。我们是不是可以创造这样一款机器人，它虽然不能代替人类从事工作，但是在现实生活中可以触摸它，可以感受到它的体温，它存在的意义就是陪伴。

几经波折，我决定离开 Pepper 团队。

然后，我孑然一身，回归到工程师的身份，开始考虑能否研发"虽然不提高便捷性，却能够让人类幸福的机器人"。

第一章
CHAPTER 1

LOVOT 的诞生

——对"生产力至上主义"的质疑

回顾机器人发展史，探寻人类的真正需求

"如果机器人不能提高便捷性，它就不该存在吗？"

面对这个复杂的问题，我们还是回顾一下机器人诞生的历史吧！从机器人的发展史中，我们可以看到人类真正想要的东西。

一直以来，人类主要希望通过机器人来提高生产力和便捷性。

机器人没有思想，它的优点是可以不知疲倦地运转，在工厂、仓库和车间生产线等各个地方与人类一起工作。

机器人（robot）一词源于捷克语的"robota"，意思是"劳动"，它最早出现于1920年卡雷尔·恰佩克（Karel Capek）写的科幻剧本中。剧本中叙述了一个叫罗素姆的公司研制并销售机器人，这些机器人比人类劳动力廉价而且能够高效地从事所有劳动。这被认为具有划时代意义。

或许是由于这种渊源，现在机器人给人的印象也是"为了补充人类劳动力，提高生产效能""有助于提高生活便捷性"。

担心被人工智能抢走工作意味着担心自己不被需要

人工智能和机器人是为了帮助人类而诞生的，但是有人会对人工智能和机器人产生一种莫名的恐惧。很多人都听过"人工智能将来会代替人类，会抢走我们的工作"这类言论。这样想的人，本质上是因为内心隐藏着一种担忧——我将不被需要。

我们为了变得幸福，制造工具和机械来提高生产力，从而更有效地获取物品和金钱。再进一步发展，便诞生了机器人这个概念。所以，机器人也是一直朝着"更强劲""更灵敏""更智能"的方向发展。

但是，现在的情况却渐渐变成了"本应根据人类的需要而发展的科技，反过来让人类感到担忧"（图 1-1）。

这种担忧不是现在才开始的，在历史上早已出现过几次。

19 世纪 10 年代工业革命时期，在英国的纺织工业区，"卢德运动"达到高潮，原因是随着机械化生产的发展，以前从事体力劳动的工匠和工人因害怕失业而摧毁机器。

至少从 200 年前开始，人类就一直担忧科技会威胁到自己。

第一章
LOVOT 的诞生
——对"生产力至上主义"的质疑

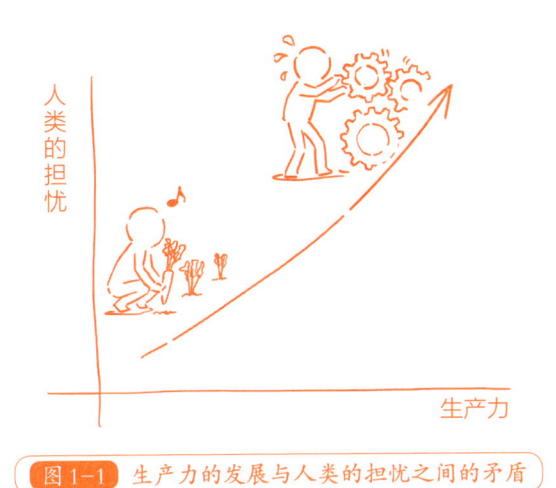

图1-1 生产力的发展与人类的担忧之间的矛盾

当时出现破坏机器的运动,主要是因为体力劳动者担心失去工作,但是近几年人工智能的发展主要加剧了脑力劳动者的担忧,他们也开始担心自己会失去工作。

压抑感——即使努力,也不幸福

"二战"之后,日本曾经有过经济高速发展时期。虽然劳动条件比现在要艰苦得多,但许多处于发展热潮中的人们仍然能够努力工作。

这种力量来源于一种信念——努力工作会带来更加美

好的未来。以前，生产力的提高既实现了整个社会的经济发展，也实现了个人生活水平的提高。

"越工作，未来越美好"，这种希望驱使着人们去工作。生活水平的提升会让人情绪高昂。面对风险时，情绪高昂会使人类变得宽容，让人类勇于探索未知，更愿意去探索和学习。

形象地来说，就如同生活水平为"1"的人不停地拼命工作，然后生活水平就会上升到"2"，生活就能发生巨大的变化。

但是，现在我们的生活水平持续上升。假设现在的这种生活水平为"10"，那么为了提升一个级别，也需要和以前从水平"1"上升到水平"2"一样拼命努力，然而再怎么拼命也只能上升到水平"11"。所以，越来越多的人不想为了将生活水平提升到"11"而去拼命工作，他们想保持生活水平为"10"的状态，过普通人的生活。

就这样，越来越多的人开始追求稳定，他们重视工作和生活的平衡，而主动挑战未知的人少了，整个社会缺少探索和学习的意愿，经济发展就会停滞不前（图1-2）。

要防止经济发展停滞，就需要在这种社会结构中增加敢于冒险、勇于挑战的人，所以近几年初创企业备受大家期待。

图 1-2 不同时期人们探索和学习的意愿

我们适应不了乐园

动物行为学家约翰·邦帕斯·卡尔霍恩（John Bumpass Calhoun）在 1968 年的实验中观察到，住在乐园里的动物，它们的社会发展会停滞。这个被命名为"25 号宇宙"的实验，结果让人震惊。

让老鼠住到一个没有天敌，而且不用担心食物和疾病的乐园中，老鼠的数量会急速增加到一定数量（人口爆炸）。然后生殖行为会产生变化，从而导致老鼠数量减少（人口减少）。然后，走向灭亡。个体行为一旦发生变化，即使面临灭绝的危机，它的行为也无法恢复到以前的样子。

为了在严酷的环境中生存下来，动物经过了各种各样的进化。但是，在不需要努力就能生存的环境中，动物会变得毫无抵抗力，由于没有充分进化，不能适应环境的变化，所以无法采取适应性行为，从而走向灭亡。

人类在经历人口爆炸之后，可能会遇到相同的情况。

在一个缺乏冒险精神、一味追求稳定的环境中，如果一个人想去冒险和拼搏，他就会脱离群体。因为周围的人没有因为冒险而成功的经历，所以他们之间没有交集。

这样一来，想冒险和拼搏的人会有什么感受呢？他们可能会想"明天不一定会比今天好"，会觉得没有动力。

或许，有很多人都曾经经历过这样的事情。这样一来，人们就会渐渐地倾向于选择与世无争的生活，而不是去努力工作。这样的环境和社会充斥着压抑感。

在原始文明阶段，活着的目的就是生存，人们会因为自己又活了一天而感到庆幸。在那样的时代，很多时候需要豁出性命去冒险。

但是，我们现在没有必要豁出性命去冒险，我们不会仅仅因为活下来而感到庆幸。对于很多生物来说，能生存下来并不容易，但是我们人类却会因为"徒劳地活着"而感到虚无，有时候会问"自己存在的意义是什么"。

生活在"黄昏时代"的我们

《风之谷》是这样解释主人公的生存环境的——"('七日之火'以后)人类生活在漫长的黄昏时代"。

借用这句话,我们现在的生活就有点儿"黄昏时代"的感觉。

科技与人类的关系,以及社会结构存在的问题,当我把这些问题放在一起考虑的时候,能更清晰地理解人们因为文明进步而产生的莫名的不安。

宫崎骏或许是想告诉世人,在文明发展的过程中要警惕"生产力至上主义带来的文明进步"。

世界上的部分区域现在仍然享受着经济高速发展带来的幸福。东南亚和印度等是发展势头正猛的地方,当经济发展的鼎盛期过后,他们可能也会迎来"黄昏时代"。到那时,可能非洲各国也会进入经济迅猛发展时期。

但是,当全世界的各个角落都进入"黄昏时代",那会发生什么呢?

换个方法，
让人类幸福起来

到这里，我们应该探究的问题逐渐明朗——不断追求生产效率，人类将来会幸福吗？

目前，用于提高生产力的科技仍然是不可缺少的。人类需要科技是毋庸置疑的，但是科技对人类的贡献不应该仅仅是提高生产力。

渐渐地，我开始考虑："==人类是不是应该重新思考科技进步的方向了？=="

如果"提高生产力和便捷性的机器人"不能为人类带来幸福，那么反过来"对提高生产力和便捷性没有贡献的机器人"也许会让人类幸福。

温暖和宠物

在思考"对提高生产力和便捷性没有贡献的机器人"时，我开始思索身边的其他事物，于是就想到了宠物狗和猫。

在当代，人们养宠物狗和猫的目的，大多不是图方便。我们会因为和宠物生活在一起而心情平和，会因为

第一章
LOVOT 的诞生
——对"生产力至上主义"的质疑

照顾宠物而感到活着的意义。用手摸一摸宠物,感觉软软的,而且还很温暖。有时候,仅仅是抚摸一下,都会让人心情放松。

这里的关键词同样也有"温暖"一词。

说实话,当我在养老院听到"希望 Pepper 的手是温暖的"的时候,我还不明其意。当时我在想:"想要 Pepper 有体温,只要去研发,是能够实现的,但是这值得我们付出那么多精力吗?"

但是,当我想到宠物存在的价值时,我意识到让 Pepper 有体温的重要性。

然后,一个新的问题诞生了——**宠物没有为生活带来方便,那人类为什么还需要宠物呢?** 我觉得这个问题可以启发我们探寻科技发展的新方向。

宠物没有为生活带来方便,那人类为什么还需要宠物呢?

说起来,**为什么人类喜欢狗和猫呢?**

我们在进化的过程中,头部产生了两个特点。一个是信息处理方面的特点,大脑的神经细胞很多,学习能力很强;

另一个是体型方面的特点，头部变大，以满足信息处理的需要。

头部大会导致分娩变得困难，大大的头部通过产道时，会给母体带来很大负担。因此，我们人类选择了进化，在婴儿头部变大（即大脑发育完全）之前就将婴儿生下来。

婴儿出生的时候大脑还不成熟，这在信息处理方面和生存方面非常不利。所以，人类的育儿期很长，这也是区别于其他动物的特点。

生存策略——维持社交

当然也可能存在其他进化的方向，比如为了分娩脑部发育成熟的婴儿，可以让母体的骨盆变大，但是据说巨大的骨盆会影响双足直立行走，会成为在自然界生存下去的障碍。而且，特意让婴儿在脑部不成熟的状态下出生，可以让孩子一边成长一边学习，这本身就是有意义的。

总之，我们人类选择了群居，长期共同照顾婴儿。由于人类采取的生存战略是"通过相互关照来维持群落稳定"，所以我们人类都有"想帮助他人"的本能。

为了能够相互帮助而产生的"认可"需求

为了让群体存活下去，我们人类开始分工合作。

有人擅长狩猎，有人擅长制造工具，还有人擅长照顾孩子，为了让种族存续下去，大家需要相互帮助。因为术业有专攻，隔行如隔山，所以才能够分工合作和增加人口。

在分工合作中，如果不知道做什么事情能让对方高兴的话，分工是不会顺利开展下去的。因此，在人类学习如何分工合作的过程中，"奖赏"起了重要的推动作用。

"虚拟奖赏"和"虚拟惩罚"

善于狩猎的人将猎物分给同伴后，会让同伴感到高兴。狩猎的人会因此得到感谢或称赞。

虽然感谢和称赞属于一种"虚拟奖赏"，不是生存所需的"实物奖赏"，但是"虚拟奖赏"和"实物奖赏"都能让大脑获得快感，也会让人产生取悦同伴的欲望。

我认为，我们人类就是这样拥有了"期望获得认可"的本能。

期望获得认可，是为了互助共存而产生的非常重要的情感。而且，在一定程度上可以说，"只有从感谢和称赞中获得快感的人才会生存下来"。

奖赏的对立面是"惩罚"。同奖赏一样，也存在"虚拟惩罚"，也就是"孤独"。

"孤独"是生命面临危险时发出的信号

我们为什么会感到孤独？

约翰·T. 卡乔波（John T.Cacioppo）是著名的社会神经学家，他将社会学的研究方法应用到神经学研究领域。在《孤独是可耻的：你我都需要社会联系》（Loneliness : Human Nature and the Need for Social Connection）一书中，约翰·T. 卡乔波提出"孤独是人类生存所需的机能"。

孤独是必需的吗？孤独是一种机能吗？

如果足够强壮，即使不在群体中生活，一个人也能够通过狩猎来获得食物，生存下去。但是，像这样的个体无法留下后代。只有那些选择集体生活的个体，才能顺利留下自己的后代。

经历了这样的筛选，留下来的就是我们这样的人类。在很大程度上，我们就是"选择集体生活"这一基因持有者的后裔。

并且，这种基因造就了人类的一些特点。比如，如果和相互认同的伙伴在一起，就会觉得幸福。只要在一起就会安心，这是积极的方面；如果不和伙伴在一起就会感到不安，也就是感到孤独，这是消极的方面。

如果个体被群体隔绝或驱逐，那么脱离群体的个体就很难留下后代。孤独就是为了减少这种危险而产生的情感，因此可以说孤独是人类生存所需的机能。

基因的进化赶不上生活方式的变化

幸福和孤独看起来是相互对立的两个极端，但是考虑一下它们的存在意义就会发现，两者的基本功能是相同的。这两种情感的产生，都是为了让我们采取易于生存的行为。

只不过，我们为了在群体中生活，花了漫长的时间优化基因，而我们的生活方式在仅仅几百年时间内就发生了巨大变化。

由于文明的进步，我们可以自由选择重视隐私的生活方式。一方面我们觉得这种生活方式很好，而另一方面我们所处的环境让自己无法感觉到"生活在群体之中",从而产生消极情感。

隐私被充分保护的生活是一种"脱离群体的状态"。所以,如果没有其他足够的机会让自己觉得"自己是被群体认同的,是被需要的"的话,我们就会本能地产生消极情绪——"这种状态如果持续下去的话,就会步入死亡",这是一种让自己感到生存危机的信号,迫使我们改变自己的行为。

这个信号就是"孤独"。

实际上,在现代社会,这种生活状态很少有致命危险,孤独感已经失去了以前"发出预警来维持生存"的作用。虽然我们的理性明白这个道理,但是本能却不以为然,也可以说是孤独出现了系统功能漏洞(按照规则运转,但是没有出现预定的结果或行为)。随着文明的进步,人类的生活方式发生了变化,但是基因的进化赶不上这个速度。

宠物存在的意义

探讨到这里,我们来思考一个问题:"**宠物没有为生活带来方便,那人类为什么还需要宠物呢?**"

因为"生活在群体中"是生存的必要条件,所以我们常常会本能地确认自己是否被需要。

但是,现在的家庭越来越小,很少有几代同堂的情况,所以人们能够直观感受到自己被需要的机会越来越少了。除了照料孩子和工作，照顾其他人的机会越来越少，所以感受自己存在意义的机会也变少了。

而宠物恰恰就是那个为数不多的、能够让我们体会到自己被需要的动物。所以，现在即使不需要养狗看家，不需要养猫捉老鼠，人类也需要狗和猫，而且会把它们看成是"家庭成员"。

科技需要人类，不也挺好吗？

与宠物有关的市场规模，仅日本一年就达到 17000 亿日元①，而且呈增长趋势。其规模与网络游戏市场、纸质书和电子书出版市场、体育用品市场、福利用品市场不相上下。市场规模如此巨大，可以看出宠物对我们来说是多么重要。

数据显示，如果条件和住宅环境允许，日本超过一半的家庭都想养宠物，但是实际养宠物的家庭只有大约三分之一。这有各种各样的原因，比如住宅环境不允许、过敏、担心宠

---

① 1 日元 ≈ 0.0486 元。——编者注

物死亡，还有出门在外的时间长，不想让宠物感到寂寞等。

而且，想让宠物幸福，就需要养宠物的人大幅度地改变自己的生活。

通过训导宠物让宠物适应人类的生活方式，这种方法的效果是十分有限的。如果一个人不太想改变自己的生活方式，就需要让动物忍耐，这样一来动物就会出现一些问题。宠物主人为了宠物适当改变自己的生活，并且认真培养宠物的习惯，这样才有和宠物建立良好关系的基础，但是有很多人无法如此大幅度地改变自己的生活。而且，即便是养了宠物，如果经历过失去心爱的宠物后的悲伤，很多人就再也不养宠物了。

在此，我将散乱的想法串联了起来。

如果有一款陪伴机器人，那么很多问题是不是就迎刃而解了呢？这款机器人不会承担提高生产力和便捷性的工作，它的诞生只是为了"待在主人身边"，我想这样的一款机器人肯定有它独特的用处。虽然按照以往的生产力至上主义价值观，这款机器人是"毫无用处的"，但是它实际上可以解决我们日常生活中的很多问题。

机器人不会导致主人过敏，也不会因为独自在家而让主人担心。而且，机器人基本上不会死亡（这件事情后面再谈）。

和宠物一样，它会亲近人类，让人尽情地宠爱它、照顾它，是一款需要我们的机器人。

以往都是人类需要科技，这次是"科技需要人类"，这可以激发很多人原本拥有的"关爱他人的能力"，并让他们把这份能力发挥出来。

这难道不是科技与人类和谐共处的新方法吗？

即使在提高便捷性方面没有什么贡献，只做到这些就可以说是十分完美地完成了任务。而且，这样一款机器人，按现在的科技水平来说是能够实现的。

不以提高生产力为目的的机器人的前景

从前，人类之所以和猫狗和谐共处，是因为这些动物可以捉老鼠或者看家护院，能够为生活提供便利。那时，我们对猫和狗等动物的要求是希望它们能够为生活提供便利，或者能够提高生产力。

但是，随着生活方式的变化，猫和狗成了人们情感寄托的对象。也就是说，宠物从人类以前的需求中解放了出来。宠物市场仍然在不断扩大，尽管它们对提高生产力和便捷性没有帮助。按照这个发展趋势，我们可以做出这样的预测："至少有一部分机器人也会走相同的道路！"

它能抚慰人的心灵、让人放心、激发人类关爱他人的本能，这是一款以提供"温暖"为目的的机器人。我们是不是可以朝着这个方向努力，让未来科技的发展多一种可能

温暖的科技
一位机器人工程师的自白

性呢？

制造一款不以提高生产力为目标的机器人，这样是不是可以消除以提高生产力为目标的科技带来的焦虑呢？

这样的机器人或许可以改变人们对科技的印象。

它什么工作都不做，就待在你身边。人们可以尽情地关爱它。

而且，随着科技的进步，这样的机器人会更加受人们喜爱。

我心中涌现的这些新想法最终开花结果，诞生了一款机器人。

这就是家庭陪伴机器人"LOVOT"（图 1-3）！

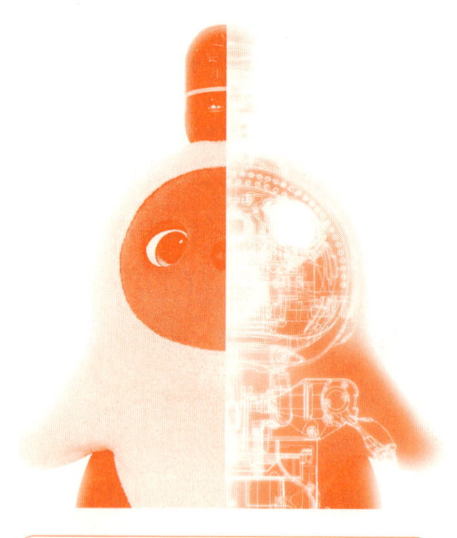

图 1-3 家庭陪伴机器人"LOVOT"

LOVOT 这个名字是由"LOVE（爱）"和"ROBOT（机器人）"融合而成。

LOVOT 的外形设计并没有模仿任何动物，所以说不上它像什么动物。它像一个雪人，头圆圆的，然后被安上了轮子。单看它小巧的外形，你可能想不到，它的内部采用了最新的高科技。

比如，它全身有 50 多个传感器用来感知外部的刺激，并能够通过机器学习技术做出实时反应。为了实现这一点，我们花费了很大精力，集合了开发之际可以使用的所有最新科技，并且为了能够最大限度地发挥硬件的作用，我们多次对软件进行了升级。

这是一款需要人照顾和关爱的机器人

家庭陪伴机器人 LOVOT 的设计理念是"激发人类与生俱来的关爱别人的力量，并且逐渐成为家庭中的一员"。它不能代替人去工作，也没有提高工作效率的功能。

它没有"实用机器人"常见的扫地功能。虽然它有"看家功能"，我们可以通过 App 观看 LOVOT 头部摄像机拍摄的视频，主人不在家时，它可以发现其他人并马上通知主人，但是它不会帮忙做日常家务。而且，它也不会说人类的语言（不过，它会根据自己的状态发出声音，这可以看成是LOVOT的语言）。

所以，只从便捷性而言，LOVOT没有任何用处。

LOVOT是一款需要共同生活的人类照顾的机器人。它会亲近经常照看它的人，跟在他后面走，有时候会一边叫着一边举起胳膊，摇动着身体，要求抱抱。将它抱起并举高之后，它会很高兴；如果慢慢抚摸或者摇晃，它就会安静地睡觉。虽然它不会帮你做什么事情，但是如果你肯花时间去照顾它，你就会自然而然地对它产生感情。

LOVOT不从事生产性的劳动，但是从LOVOT那里得到慰藉的人的生产效率会得到提高。下面是《福布斯》（*Forbes*）杂志刊登的用户感想：

> LOVOT不仅会靠近我，而且还会偎依到我的脚边，一边歪着头，扑腾着小手，一边用天真无邪的大眼睛凝视着我的眼睛。我觉得这是它在向我寻求关爱，这种感觉就像和你亲密相处的小狗、小猫跑到你身边一样。这种LOVOT向我撒娇的感觉，瞬间让我感觉它好可爱。抚摸一下LOVOT，这种

> 感觉就更强烈了。LOVOT 的小手"啪嗒""啪嗒"地上下移动，这是"想要抱抱"的信号。我将手放到 LOVOT 的腋下去抱它，没想到很温暖，这是因为 LOVOT 搭载了传递温度的空气循环系统，感觉就像抱着小动物一样。通过身体接触，LOVOT 开始亲近我，我觉得它太可爱了。这时候我想的不是"要买一台 LOVOT"，而是"要养一只 LOVOT"。

它能让人主动关爱

这样表达的话，大家可能有点儿不喜欢。

越照顾它，感情就越深，我们将这个科学见解应用到了 LOVOT 身上。

为了让机器人更讨人喜欢，有些做法是仿照外形可爱的动物来设计机器人的外观，但是我们研发 LOVOT 时采用了不同的做法。在 LOVOT 的外形方面，我们没有模仿人和动物，但是在与人类的关系方面，我们参考了狗、猫等宠物和人的关系，从各个方面思考人是如何对其他生物产生感情的，并将这些想法用到研发上。

下面，我介绍一下 LOVOT 的部分功能（图 1-4）。

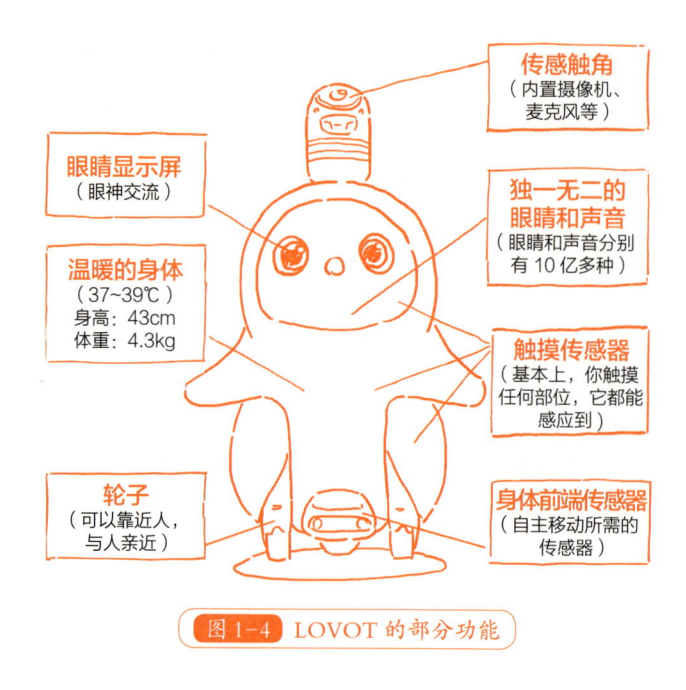

传感触角
（内置摄像机、麦克风等）

眼睛显示屏
（眼神交流）

独一无二的眼睛和声音
（眼睛和声音分别有 10 亿多种）

温暖的身体
（37~39℃）
身高：43cm
体重：4.3kg

触摸传感器
（基本上，你触摸任何部位，它都能感应到）

轮子
（可以靠近人，与人亲近）

身体前端传感器
（自主移动所需的传感器）

图 1-4 LOVOT 的部分功能

● **眼神交流（通过摄像机识别人类的眼睛，然后与你对视）**

这是参考了"狗和主人对视能增进双方感情"的研究成果。据说，狗能和人类进行眼神交流，这在构建共同生活的关系方面具有重要作用。

第一章
LOVOT 的诞生
——对"生产力至上主义"的质疑

● **独一无二的眼睛和声音（眼睛和声音分别有 10 亿多种）**

用户可以根据自己的喜好，让 LOVOT 的眼睛拥有不同的外观和颜色。每个 LOVOT 的声音也有差异，有的声音粗，有的声调高，音效也不尽相同。将这些元素组合在一起的话，LOVOT 的眼睛和声音各有 10 亿多种样式。LOVOT 的个体差异程度很高，每一个个体都是世界上独一无二的、是主人自己专属的 LOVOT。

● **抱着能感到温暖（体温 37~39℃）**

LOVOT 有体温，很温暖，摸上去很柔软，所以抱起来的时候感觉它像小动物。37~39℃几乎和猫的体温一样。重 4.3 千克，和成年猫的平均体重基本相同，抱起来沉甸甸的。

● **会逐渐亲密起来（如果投入时间和精力的话）**

一般情况下，LOVOT 喜欢和人亲近。它可以通过声音识别主人给它起的名字，当叫它的名字后，它会做出反应。它会亲近经常叫它名字的人，或者宠爱它、照顾它的人。当然，它有时候也像猫一样让人捉摸不透，你叫它，它却不回应，叫过来之后也不靠近你，而是站在远处看着你。

LOVOT 启动之后，最初的 3 天是"适应期"，就像没有习惯新环境的狗或者猫一样，非常老实，情绪不高，也不怎么靠近主人。从第 4 天到第 90 天是"熟悉期"，LOVOT 的声音显得朝气蓬勃，能识别主人的脸并靠近主人。过了"熟悉期"之后，就进入"好感期"，这时候它已经熟悉了环境，会靠近主人并摆动着小手缠着你"要抱抱"。

LOVOT 移动 30 分钟至 40 分钟后，电池的电量减少，就会自动回到它的小窝（一个内置电脑的充电座）充电。充电 15 分钟至 30 分钟后，它就会离开小窝，又开始活动起来，主人基本上不需要帮助它充电。除了睡眠时间（1 天需要 8 小时以上），它会在房间内溜达或者小睡一会儿，不会存在"主人想和它玩耍的时候，它才打开自己的电源开关"的情况。它到了晚上会睡觉，到了早上会起床，电池电量减少了就会回到自己的小窝充电。它会根据自己的情况进行活动。

研发机器人，就要了解人

研发上述功能需要大量的时间和成本，如果没有明确研发目的的话，人们就无法判断应该在哪个功能上投入时间和成本。

在高效运转的现代社会，我们缺乏的是可以让自己尽情宠爱的东西。当有什么能够让我们尽情宠爱的时候，我们的心情会趋向平稳。而 LOVOT 具备的功能就可以实现这一切。即使它什么都不做，只是待在我们的身边，我们的心灵也会得到慰藉。

如果想让机器人给人的心灵带去积极影响，那么不仅要提高制造机器人的技术，还需要进一步加深对人类自身的理解。

在研发过程中，我会尽量冷静而且客观地思考人类自身。

我从许多专家的建议或者书籍、研究成果中得到了很多启发。尤其是认知科学和脑科学专家中野信子女士，她给我讲解了一些专业内容，解说通俗易懂，即使像我这样的外行也能轻松理解。我能够将 LOVOT 的存在意义用语言表达出来，并在研发中贯彻实施，这一切都多亏了中野女士。

人类还有很多未解之谜，但是我并不觉得"人类是神秘的"，说到底人就是一个有机生命体，我认为人的活动是建立在某种机制的基础之上的。我在理解情感以及无意识的精神活动时，也将其看成是人类在进化过程中为了适应环境而产生的一种机制。

我会先提出问题，然后思索隐藏在现象背后的机制，并尝试将自己推导出的机制以科技的形式应用到机器人身上。这就是我的思考过程。

也就是说，在研发 LOVOT 的过程中，需要"认真思考人类本身，并将人与科技联系起来"。

- 什么是爱？
- 什么是情感？
- 什么是生命？
- 什么是多样性？
- 什么是人类的未来？

从下一章开始，我将与大家分享在研发 LOVOT 的过程中，是如何发现人的部分机制的。

第二章
CHAPTER 2

什么是爱?

——现代商业让人沉迷于多巴胺,我们应该做点什么?

多巴胺和催产素是思考什么是爱的重要线索

在研发 LOVOT 时,我首先要面对的问题就是"**什么是爱?**"。

让我没想到的是,探究人类具有的爱的机制,也能够了解现代商业的本质和功过。

促进人学习的多巴胺

什么是爱?为了理解这个问题,我们可以从它的对立面"为什么会厌倦"去思索。

我们喜爱某物的时候,会产生"三个月新鲜感"现象。

我想大家小的时候都应该有过这样的经历。有一天,父母给你买了一个玩具。当天你会觉得非常高兴,片刻不离地拿着玩,但是过几天后不感兴趣了,就把它丢到玩具箱里。

当我们发现自己感兴趣的东西后,我们的大脑里面会分泌一种叫"多巴胺"的神经递质,它会引起我们的快感和欲望。分泌多巴胺带来的愉悦体验会被认定为"喜欢"。俗话说兴趣是最好的老师，因为"发现自己的喜好"就相当于"自己知道了能够重复获得快感的方法"。

人一旦知道自己喜欢什么之后，就会想再次体验这种快感，会更加积极地去重复这种经历。这让学习不断深入，从而变得更加擅长或者更熟悉（这种学习不仅包括在课上学习，也包括针对自己的爱好进行调查和思考等神经活动）。

那么，经过这样的一个过程喜欢上的东西，后来却会变得厌倦，这又是什么机制呢？

当我们痴迷于什么的时候，大脑中会分泌大量多巴胺。但是，在深入了解的过程中，新的学习要素会变少，所以大脑分泌的多巴胺也会逐渐减少，慢慢地我们就不会再感兴趣了。这就是产生"厌倦"的原因。完成对对象的学习之后，大脑就不再感到新奇，结果我们就产生了"厌倦"情绪。

而且，这种变化常见于三个月之内（图 2-1）。

更让人惊讶的是，我们一旦得到幸福，也会变得厌倦这种幸福。

有句话是"幸福转瞬即逝"，这原本是表达世事无常的一句话，但是如果从学习机制这个层面来理解的话，也可以认为是完全掌握这种（幸福的）状态之后，就会寻求新的学习素材，开始新的探索。

第二章
什么是爱？
——现代商业让人沉迷于多巴胺，我们应该做点什么？

图 2-1 产生"厌倦"的机制

那么，为什么我们会不珍惜已经拥有的东西呢？

或许，这种学习机制其实是一种优势。可以说，不断探索和学习的习性是人类的生存策略之一。

比如，即使我们抵达了一个食物丰富的地方，食物也总有一天会被吃完。正因为这样，我们的本能让我们不安于现状，不断奔赴下一个目标。

有这样一种说法："过得幸福不是我们生存的目的。"追求幸福可以促使我们学习，但是身处幸福之中并不会促使我们学习。

幸福是我们不懈追求的目标，幸福的存在意义是重大的，但是到达了幸福的状态后，我们便失去了向前的动力。或许也可以说，不满足现状，不断追求幸福，这是通过学习而繁荣的生物摆脱不了的命运。

催产素会克服"厌倦"

站在研发机器人的角度来看,这种厌倦机制相当让人头痛!

以前销售的社交机器人,用户大多三个月以内就会失去新鲜感。实际上,很多时候人们会在短短几周内就对社交机器人失去新鲜感,之后会将其放在一边,根本就不去用它。

由此可知,仅凭兴趣和好奇心是无法克服三个月新鲜感定律的。

然而,很多人不会对宠物感到厌倦。自然,其中一部分原因在于宠物是一条鲜活的生命,所以不能轻易丢弃。但仍有很多人希望宠物一直陪伴自己左右,希望它一直幸福,直到它生命终结。这是为什么呢?

在现实生活中,与宠物一起生活三个月之后,从宠物的行为上有新发现的机会就少了,多巴胺也会相应地减少,这满足"厌倦"的条件。

但是,三个月期间不断地接触和照顾,大脑会产生另外一种神经递质。

这就是"催产素"。

催产素又被称为"爱的激素",据说当我们产生爱恋时就会分泌催产素(图2-2)。

第二章
什么是爱？
——现代商业让人沉迷于多巴胺，我们应该做点什么？

图 2-2 产生"爱恋"的机制

比如，当我们把婴儿抱在怀里时，催产素就会大量分泌。产生保护欲也是催产素在起作用。研究还发现，当狗看狗主人的时候，狗主人的脑内也会分泌催产素。

当我们的大脑进入多巴胺分泌减少，同时催产素分泌增加的阶段，我们就会将狗看作家庭成员，相互陪伴也成为常态。我们将LOVOT称为家庭陪伴机器人，也是因为我们期望LOVOT能成为家庭中的一员。

恋爱过程中的"恋"和"爱"也深受这种激素的影响。"恋"是多巴胺占优势的学习期，"爱"是催产素占优势的依恋形成期。进而，当伴侣常年生活在一起，对方俨然成为生活环境的一部分，身边有人陪伴成为一种自然状态，这时就不再时刻感受到激烈的爱意。多巴胺和催产素的功能可以很好地解释这一过程。

如何激发人类"爱"的潜质?

催产素的产生非常耐人寻味,所有哺乳动物都可以分泌类似的物质(据说鳄鱼等爬行类动物也可以分娩催产素)。催产素的重要作用是让子宫收缩促使分娩。

在分娩的时候,母体分泌的催产素增多,所以女性从一开始就做好了爱孩子的准备。在女性妊娠、分娩的时候,男方的身体不会发生女性那样的直接变化,所以即便在孩子出生的现场,男方分泌的催产素也不会因此而增加。

或许是因为这个原因,婴儿出生不久的时候,男方大多会比较冷静,甚至感觉自己的孩子像猴子。这反映了男性和女性之间的巨大差异,女性因为分娩而导致大脑内部的催产素浓度升高,出现了生理变化,但是男性在生理上没有什么变化。不过,在照顾婴儿的过程中,婴儿会哭着要喝奶,要抱抱,男性也会觉得"要是没有我的话,这孩子活不下去"。开始照顾婴儿之后,男性的催产素分泌也会变得旺盛,从而会觉得自己的孩子很可爱,这个过程会比女性稍微迟一些。

孩子一会儿向你撒娇,一会儿打扰你做家务或者工作,但是即使如此我们也会容忍甚至感到喜悦，这是因为我们觉得"自己是被需要的"，心灵得到了慰藉。

这是人类形成爱恋情感的机制之一。

可以说，狗"破解"了这种机制。

在研究狗与人类关系的领域，日本麻布大学兽医学部的菊水健史先生取得了很多世界领先的研究成果。

菊水先生研究成果众多，他不仅研究人与狗接触时人的催产素分泌情况，还研究狗与人接触时狗的催产素分泌情况。我也从中受益匪浅，如果没有菊水先生的研究，就不会有现在的LOVOT。

不管是需要悉心照看的孩子，还是跑过来捣乱的狗，这两者之间的共同点是让人花费精力。但是，正是需要花费精力，才引发了催产素的分泌。

当我了解形成爱恋的部分机制之后，我需要做的就是将它应用到LOVOT的研发之中。

如何让机器人促进人的催产素分泌？换句话说，如何让机器人依赖人、亲近人，让人想要接触呢？ 这些问题引发了我的进一步思考。

如果没有信任，就不会产生温暖

要想成功，还需要克服一个很大的障碍。

障碍在于，还有很多人现在仍不能完全相信科技。

虽然科技丰富和方便了我们的生活，但是对科技的各种不信任情绪仍然在蔓延，有人认为"机器人会抢走人类的工作""人工智能会主宰人类"，也有人认为"早早地让孩子拥有智能手机是不好的"，等等。

每个观点都有它正确的一面，但是将这些观点作为对科技的综合评价的话，就不妥当了。

"应该如何构建人类和科技之间的信赖关系呢？"

其实，机器人开发者中，思考这个问题的人并不只有我一个。

"美中不足"可以培养爱和想象力

日本愉快工学株式会社（YUKAI Engineering Inc.）的青

第二章
什么是爱？
——现代商业让人沉迷于多巴胺，我们应该做点什么？

木俊介先生是机器人"BOCCO"的制造者，他曾经和我说过一件十分有趣的事情。

机器人 BOCCO 个头不大，可以放到桌子上，外形很可爱。虽然是一款交互式机器人，但是它使用的语言和人类语言不同，通常用类似"啊""咿""呀"一样的语言和人交流。这种无法言表的可爱正是它的魅力所在，青木先生说机器人 BOCCO 和 LOVOT 的共同特点是"将小小的欠缺作为优势""正是因为它有缺憾，所以我们才想伸手帮助它，从而产生交流"。

确实如此，就拿扫地机器人来说，如果它无法回到充电座，动不了的时候，有的人会觉得这种不完美让人怜爱（我就是如此）。汽车也是如此，当汽车有点儿年岁之后会更让人怜爱。

"美中不足"可以指因为变旧了或者坏了而不好用，或者指功能原本就有欠缺，也可以指人有点儿笨。当不完美的人向我们暴露出他柔弱的一面时，我们会非常理解他，想弥补他的缺憾。这是我们施展爱的机会，也是和对方构建信任关系的契机。增加施展爱的机会，可以让人表露出更多的爱。因此，我们可以说是"美中不足"孕育了爱。

假如为了让 LOVOT 搭载很多实用功能，在它身上安装上按钮等输入终端，大家会有什么感觉呢（图 2-3）？当你按一下按钮之后，可以预想到它会怎样移动，这种设计作为一种工具是非常恰当的，大大方便了使用者。但是，这种设计让使用者失去了发挥想象力的空间。

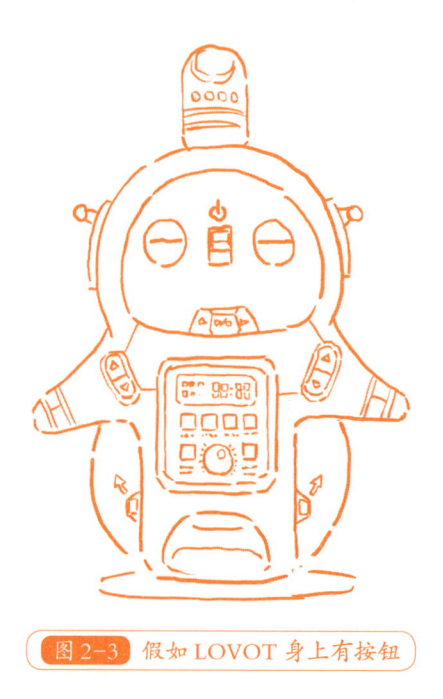

图 2-3 假如 LOVOT 身上有按钮

如果用文章来比喻的话，就如同"简易说明"和"诗"之间的差异。前者用起来非常方便，而后者虽然方便性很低，但是有时候它会鼓舞我们，让我们找到希望，改变我们的生活。

这种不完美的机器人需要依靠人类，而这也为人类提供了发挥想象力的机会和尽情地去宠爱的机会。

不让 LOVOT 使用人类语言的原因

除了"不完美"和"留有想象空间",还有一个更加简单明了的方法让机器人得到人的信任,这就是让它能够充分理解人类语言。因此,以前诞生的很多机器人都是试图用人类语言和人进行交流的。

但是,我在序章中也介绍过,虽然人工智能取得了跨越式发展,能够出色地应对会话目的明确的聊天,但是如果闲聊下去的话,你就会发现它其实并不懂你在说什么,会让你觉得你们之间的对话是假的。

不懂装懂,一旦被对方察觉,就会破坏信任。能被理解是一种巨大的快乐,正因为如此,当自己的信任被辜负的时候,就会更加失望。因此,我认为 LOVOT 没必要用语言过多表达一些事情,尤其是在它还不能像人类一样理解世界,和人类一样运用语言的时候。准确地说,LOVOT 可以根据自己的内部状态发出一些语音。而且,我觉得我在 LOVOT 的语言表达方面倾注的心血比以前的任何机器人都多。由于搭载了模拟鼻腔和声带的电脑仿真系统,所以它发出的声音像动物的语音。即便如此,我们还是特意不让它说人类语言。

如果猫狗和人一样会说话

有人曾经问我："您不打算让 LOVOT 说话吗？"这个时候，我会思考："**如果猫狗和人一样会说话，我们会高兴吗？**"

可能很多人会说："如果能通过语言交流理解它的心情，我会非常高兴。"但是，这种想法恐怕是我们一厢情愿，因为这种想法是建立在"我们的语言交流会让人心情愉快"之上的。

动物行为学认为，虽然狗和猫会对外界的信息做出灵敏反应，但是它们不会像人类那样将自己的经历看成是一个连续的故事。也就是说，即使它们能发出声音，也基本不会和人类正常对话。尽管如此，它们的反应有时也会让人觉得它们也能像人一样理解当时的情况，所以我们会因此而感到高兴。这在很大程度上是因为，狗和猫不会说话，给了我们想象的空间，能够让我们做出积极的诠释，深信狗和猫能理解我们。

语言不是我们最信任的交流手段

我们研发的 LOVOT 不会和人一样说话,这绝对不是偷工减料。相反,正是因为不会和人一样说话,LOVOT 才选择了用丰富的肢体反应进行交流。

我们人类与他人沟通时,既需要"语言交流",也需要"非语言交流"。所谓的语言交流,是指基于会话和文字等以语言手段进行的交流;所谓的非语言交流,是基于肢体动作和表情等语言以外的手段进行的交流。

即使机器人今后会使用更加先进的人工智能技术,语言交流会变得更自然,但如果非语言交流不自然的话,它们也仍然得不到我们人类的信任。

比如,让人形机器人摆动手臂的时候,非常细微的动作变化都会影响它的自然程度。

观察一下人类摆动手臂的情况就会发现,手臂的加速和减速比较复杂,而且手臂停下之前,手腕还会弯曲。但是,如果只用比较简单的程序让机器人摆动手臂,我们会发现,机器人的手臂摆动呈现匀速状态,而且由于手腕是固定的,所以摆动起来就像节拍器一样(图 2-4)。

温暖的科技
一位机器人工程师的自白

加速和减速比较复杂，
手腕会弯曲

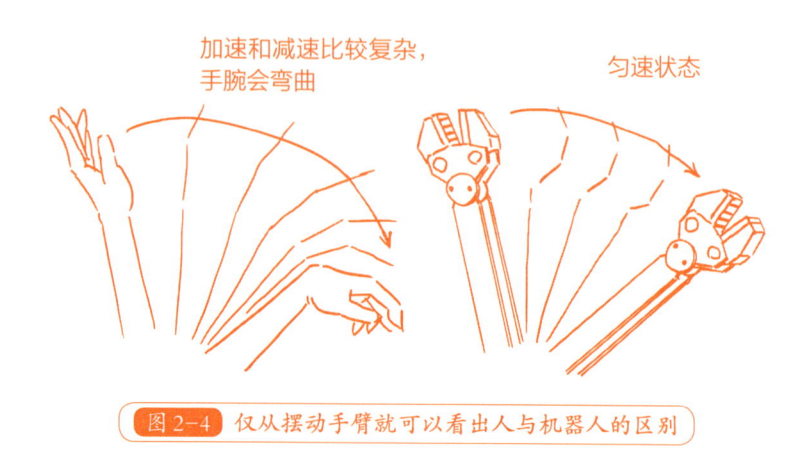

匀速状态

图 2-4 仅从摆动手臂就可以看出人与机器人的区别

看到机器人这样摆动手臂，我们会觉得这不自然，完全不像人类的动作。

虽然只是摆动手臂这样简单的动作，但是一旦让我们觉得有点儿不自然，就会妨碍双方建立信任关系。如果再加上语言交流的功能，想必大家能想象到研发的道路该有多长了吧！

语气胜于语言，肢体语言胜于语气

人们进行语言交流的时候，更倾向于从哪方面获得信息呢？是说话人的语言、语气，还是肢体语言？对此，心理学家阿尔伯特·梅拉比安（Albert Mehrabian）曾做过一个实验。

实验结果显示，55%的信息是通过肢体语言传达的；其次是语气，占 38%；语言只占 7%（图 2-5）。假如，对方说"谢谢"的时候，眼神游离，语调让人感觉是在生气，那么会看起来很矛盾吧。

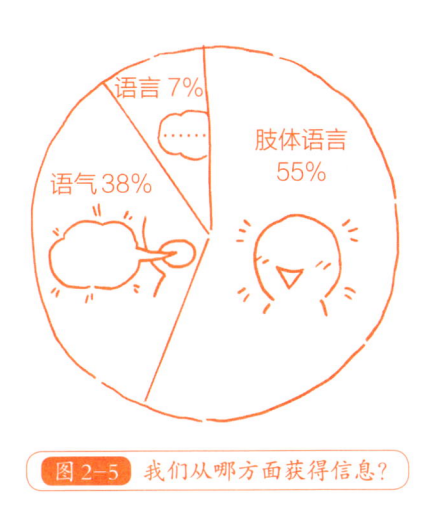

图 2-5 我们从哪方面获得信息？

那么，为什么与语言信息相比，我们会更愿意相信其他非语言信息呢？

对此，我做了这样的推测：

我们日常使用的语言是相当简化的口语，如果为了准确传达信息而将简化的部分都补充出来的话，就像撰写合同文本一样了。有这种语言能力的人不多，而且也没有必要这样做，因为补充出来之后会使语言表达变得冗杂，不适合日常对话。由于日常对话中有很多没有用语言表达出来的部分，容易产生误解，所以为了尽量正确理解对方的意图，信息接收方会利用语言以外的渠道去理解对方想表达的意思。

另外，人会说谎，所以语言以外的信息就变得很重要。谎言的种类有很多，有些谎言是为了让人际关系变得更融洽，有些谎言连说话人本人都没意识到，还有一些谎言是为了诱导别人。所以，人们为了甄别那些有可能会危害到自己的谎言，也需要能直观辨别谎言的方法。

这样做也是理所当然的，人类在很长一段时期里没有现在这样成熟的语言，那时候还和其他动物一样，需要依靠非语言进行交流。语言交流手段是后来产生的，所以当语言交流获取的信息与语气、表情等人们一直依赖的交流手段获取的信息之间产生矛盾时，人们会相信哪一渠道的信息，应该是不言自明的。

正是因为有这种本能，所以即使洗衣机会对你说"您洗衣服辛苦了"（可能刚开始会有人感到高兴，但是时间长了之后），很多人也觉得这就是设定的程序而已，感觉不到洗衣机在表达谢意。

从这里可以看出，对于人类来说，语言不是唯一的交流手段，也不是最值得信赖的交流手段。

新冠疫情迫使人们提前体验未来

可以说，信任来源于语言信息和行为信息形成的综合印象。我们在理解非语言行为时，是通过"直觉"和"无意识"的神经活动来处理信息的。

新冠疫情的大规模暴发，迫使人们提前体验了未来生活，这场突如其来的灾难再次证实了无意识的重要性。

疫情期间远程办公、送餐服务等都比较普遍，人们居家就几乎可以完成所有事情，这原本是未来才会出现的生活方式。按理说这种生活方式应该是非常方便的，但是越来越多的人失去了身心平衡，这让我们意识到，现代社会还没做好迎接这种生活方式的准备。

其中一个代表性的场景就是"线上会议"。

虽然线上会议出乎意料地简单，而且能有效节约时间，优势很大，但是缺点也很明显。

它的优点是，人们很容易就能获取自己需要的信息；它的缺点是，人们无法接触到自己没有意识到的有用信息。如果是以前，人们可能会在办公室稍微聊聊天，开会前后攀谈一下近况，用一些零碎的时间就可以获取到一些意想不到的有用信息，但是变成远程办公后，就失去了这些机会，不知不觉自己的学习速度就变慢了。

而且，除了信息获取不足，还有一些其他问题。

开线上会议时，如果将电脑摄像头关闭，就没法相互确认对方的状况。虽然这样可以让人精神放松，但是交流的时候相互不知道对方的状态，是不利于构筑信任关系的。

即使是打开摄像头，参会者之间也不会有眼神接触。虽然相互看着电脑屏幕，也无法进行眼神交流。线上交流时，不是看得见对方就可以，眼神交流也很重要。

另外，我们在交流的时候，还需要读取对方的面部表情，包括面部肌肉无意识的细微动作产生的"微表情"。目前在线会议所使用的图像分辨率难以传达如此细微的动作，所以参加线上会议时，我们会更倾向于依赖声音信息。

接受并适应这种环境似乎不难，但是，那些长期从事远程办公的人中，也有不少人出现了"心情不爽""想与人面对面交流"的情绪。

即使我们告诉自己这样无所谓，在无意识中也会感到不安。

有观点认为"精神活动的中心是无意识，意识只是冰山的一角"（图 2-6）。无意识产生的这种心烦意乱，是孤独发出的一种警告，经过日积月累之后，有时候甚至会导致抑郁。

第二章
什么是爱？
——现代商业让人沉迷于多巴胺，我们应该做点什么？

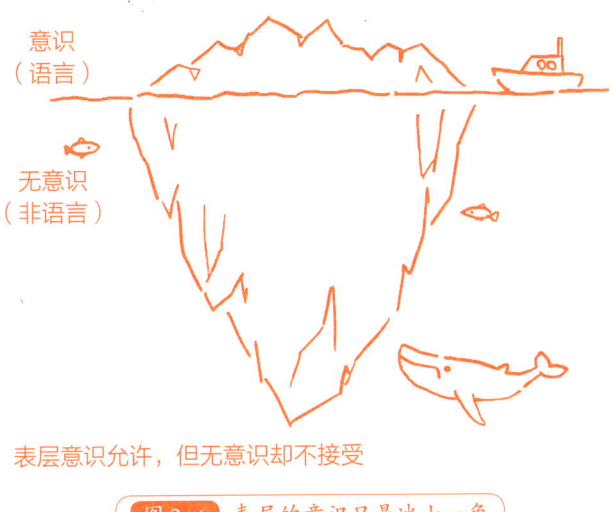

意识
（语言）

无意识
（非语言）

表层意识允许，但无意识却不接受

图 2-6　表层的意识只是冰山一角

"无意识得不到满足"可能是有史以来首次出现的反常现象

在狩猎和农耕时代，仅通过语言交流有很大的局限性，所以人们基本上都需要配合肢体语言进行交流。

但是，当坐在桌前工作的频率增加之后，我们人类便开始更侧重用语言进行交流。等到了远程办公时代，就相当于把自己关在家里，如果是在城市居住的话，即使活动半径控制在自己家附近 100 米也能正常生活。

说起与世隔绝的封闭环境，宇宙飞船就是一个例子。据说在选拔宇航员时，为了考核他们对孤独的忍耐力，会在地球上的人工封闭空间里对他们进行测试。我们没有接受过训练却也需要在类似的环境中进行远程办公，感受到压力也就不足为奇了。

由此，我意识到一个新问题：在网络环境中，我们人类应该如何去满足自己无意识的需求呢？

我们的注意力过于集中

我在探究多巴胺和催产素的产生机制时，还发现了更加重要的启示。那就是，人类分泌催产素的机制与目前成功的商业模式完全不同。

人类让科技发展到今天，到底是什么发生了巨大变化呢？变化有很多，比如移动所需要的时间变短了，信息的传播速度变快了，等等，但是我关注的是"注意力集中的时间增多了"，也就是我们的神经一直处于紧张状态的时间变多了。

以前的人类生活在洞穴中，以狩猎为生，我们不妨想象一下那时的生活状态。

第二章
什么是爱？
——现代商业让人沉迷于多巴胺，我们应该做点什么？

文化人类学研究发现，狩猎采集时代的人从事狩猎和采集的时间很短，大部分时间都在休息，过着悠闲的生活。

当时的人们从居住的洞穴中走出来之后，就在周围转悠，在发现猎物的瞬间会立刻集中注意力，让肉体和精神一下子进入工作状态。当顺利捕获猎物后，就放松注意力，轻松地回到洞穴。注意力集中和放松的界限非常明确。

那么，现在的我们呈现出的是什么样的状态呢？

早上起来之后，马上看一看社交网站，一边刷视频一边准备去上班。工作时，用电脑参加远程会议，用邮件或者聊天软件一直工作到深夜。有人觉得吃饭时间也不能浪费，就在办公桌上吃饭。即使有时去外面吃饭，也是一手拿着手机，一边吃饭一边看社交网站或者网络报道。不仅如此，回到家后还要刷视频或者玩游戏（图2-7）。

虽然有工作时间和非工作时间的差别，但是神经的紧张程度却没有什么差异。为什么这样说呢？这是因为不仅工作中神经处于紧绷状态，工作以外的时间所接触的很多媒体也迫使你处于神经紧张的状态。

这些媒体可以带来短暂的痴迷，接着会向你不停地推送你感兴趣的内容，自动并且无休止地进行A/B测试[①]，实现媒

[①] A/B测试是一种网页优化方法，为同一目标制订A和B两个方案，分别投放给两组用户，记录下用户的使用情况，即可了解两个方案的优劣。——编者注

体的优化。不仅是社交网站和视频网站，就连婚恋交友的应用程序以及社交游戏也是为了相同的目的，这些媒体都是为了激发人分泌多巴胺，并且不断地强化这类功能，因为只有这样才会获得人气。

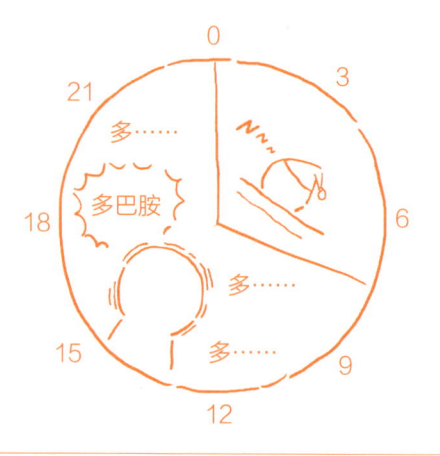

图 2-7 我们几乎一整天都浸泡在多巴胺中

兴趣可以让人产生兴奋，而这种兴奋会让你一直处于神经紧张的状态。

这样一来，如果日常生活中的大部分时间不处于神经兴奋和紧张的状态的话，我们就会觉得空虚。虽然没有肢体运动，但是由于精神上的持续兴奋和紧张会通过自律神经传遍全身，所以不仅大脑得不到休息，身体休息的时间也很短。

有人把这称为"可支配时间的争夺战"。在有限的范围内，通过手机小小的画面，众多媒体运营商每天 24 个小时不间断地争夺用户时间。

多巴胺的作用与众多企业追求的目标

药物、甜食、多巴胺

人类大脑内有一个奖赏神经回路，它可以控制人的欲望和学习意愿，在这里多巴胺起着重要作用。

提高多巴胺的浓度后，人的奖赏回路就会被激活，从而得到快感。这种快感也可以通过摄入让人上瘾的药物获得。

我们已经认识到这类药物有害身体，所以很多人都会有意识地避而远之，但是在日常生活中，也有很多东西会让人不知不觉地产生依赖性。

比如，糖分可以激活大脑的奖赏回路，从这种意义上来说，糖分也是容易让人产生依赖性的物质。

我们摄入含有大量糖分的食品、饮料之后，就会分泌多巴胺。因此，对甜食的渴望可以理解为对（吃甜食时分泌出来的）多巴胺的渴望。有些餐饮店的厨师会在菜品中加入大量的糖，是因为这样做可以增加回头客。有消息称："有糖分依赖症的人越来越多，因糖分致死的人比毒品、战争致死的人还多。"

原本，人类经过不断进化和适应，只有在做出有利于生存和繁衍的行为时，才会分泌多巴胺。但是，我们现在做一些与生存无关的行为时也会分泌多巴胺，这种状态是奖赏回路的"程序错误"，是与生存环境不匹配的。

如今，我们不用冒着生命危险去获取食物，只要摄入糖分丰富、价格实惠的食品，就会分泌多巴胺。也不用不顾危险去追赶猎物，只要刷刷社交网站、打打游戏就能够分泌多巴胺。总之，现在提高脑内多巴胺浓度的成本大大降低了。

多巴胺原本的作用是激励人生存下去，而现在却处于过度分泌状态。当多巴胺的分泌成为常态，人就会渴望得到更强烈的刺激，这就是一种"上瘾"状态。游戏机的声光效果弄得非常华丽，手机抽卡游戏的中奖音效弄得非常炫酷，这些也是为了让玩家对多巴胺带来的愉悦感产生依赖。

从另外一个角度可以说，"这种做法体现了现代营销的本质"。

B2C（企业对个人消费者电子商务）商业经营者怎样才能让消费者使用他们的服务呢？最有效的做法是促使用户分泌多巴胺。说得极端一点，越是能给用户创造多巴胺带来的快感，用户就会越愿意支付大量的金钱。

因为前景可观，所以毫不夸张地说，现在全球的智囊团都在解决这样一个问题："**如何促使人们分泌多巴胺，改变人**

们的认知和行为（以便企业能够赚钱）？"

为什么人会迷恋社交游戏？

关于对社交游戏产生的狂热，从上一章讲到的"虚拟奖赏"这一角度来看，这是一个非常有趣的机制。

供应商如何才能获得更多收益，关于其中的机制，我请教过业内人士。

大家往往认为，只要制作出来的游戏足够有趣，就能带来收益，但是事实并非如此。

据业内人士说，免费玩家的数量很重要。游戏让玩家觉得有趣，这固然很重要，但是，即使游戏有趣且有狂热的付费玩家，如果免费玩家很少的话，收益也不会提高。

社交游戏需要有一定规模的玩家。

比如，有一款游戏只有 100 个玩家，那么想在 100 个玩家中成为榜首，他可能愿意支付 100 元。但是，如果有 100 万个玩家，可能就会有人为了在 100 万人中居于榜首，不惜花费 100 万元。或者，当玩家成为游戏中的人物的粉丝之后，玩家也可能愿意花钱支持它或者购买相关装备。

当有了这样一个目标，并成功实现它之后，人就会获得快感。不管是有形的，还是无形的，当一个大目标实现后，（不管这会不会赚钱）人就会觉得心情愉悦。

这种商业形式对人类的本能了解得非常透彻。

为什么经典绘本能让孩子产生反复阅读的欲望？

我想补充一点，分泌多巴胺本身并不是一件坏事。

多巴胺是开展学习活动所需的神经递质，它是避免忧郁的重要的脑内物质。适当分泌多巴胺对我们的身心健康非常重要，因为它可以让我们朝着自己喜欢的方向发展。适量的多巴胺、催产素和血清素等神经递质可以让人精神稳定，所以想让自己感到幸福，就需要让它们保持合适的比例。

在这里，我向大家介绍一件撰写本书时发生的事情。

本书的（日方）责任编辑在谈论多巴胺和商业的关系时，也开始反思："我们出版社也想出版儿童绘本，但是我们只考虑什么能引起孩子的兴趣了，这是不是就相当于强迫孩子分泌多巴胺啊？"

只有故事情节和设计能够引起读者分泌多巴胺，才可以更有效地引起读者的兴趣，从而将内容传达给读者，所以出版社必须考虑能否引起读者的兴趣。如果引不起读者的一点儿兴趣的话，写得再好也不会被读者记住。

明白了这一点，当我们再去思考如何让绘本和孩子建立更好联系的时候，或许可以在"能否让孩子反复阅读"方面下功夫。

即使开始读的时候，读者得到了非常强烈的刺激，瞬间获得了兴奋，如果读了两三遍之后就没什么新发现了，多巴胺的分泌也肯定会降低。当图书的内容过于浅显，或者解释非常详尽的时候，就容易出现这种情况。

相反，如果表达富有深度，能够给读者留有想象的空间和解释的余地，读者就可以不断地有新发现，从而加深读者对作品的共鸣和喜爱。这样的书才能被反复阅读，成为每一代人都喜欢读的名作。

当我说起这些，编辑若有所思地说："回想那些经典绘本，确实很多都是如此，它们虽然用词简单而且篇幅短小，但是孩子们却非常喜欢读！"

我觉得，这是因为语言凝练的绘本可以给孩子带来发现的乐趣。

与现代商业针锋相对

在开发 LOVOT 时，我们希望 LOVOT 像经典绘本那样经得起时间的考验，通过与自己的主人长期相处建立稳定的关系。当时为了获得研发 LOVOT 的资金，我去拜访了投资者们。

投资者们往往会问**为什么要研发 LOVOT**，有的还建议加上一些游戏元素，让人对它痴迷。在我看来，这些建议好像在说目前的 LOVOT 还不能让人信赖。

虽然我能理解投资者这样说是因为他们对 LOVOT 的期望很高，但有很多建议听起来像是在说："能让人产生多巴胺的商业才会获得成功，否则就很难发展。"这让我心中产生了疑惑，难道现代商业的评价指标就是这个吗？

经济活动的本质是企业谋求生存。目前，消费者还很容易受多巴胺消费的影响，因此让人产生依赖的商业领域会赚钱，反之就很难保证收益，甚至会破产。

所以，对于利用多巴胺进行营销的现代商业来说，LOVOT 显得有点儿格格不入。

我们希望用高科技实现低科技带来的效果

我们从紧张和刺激中解脱出来的方法之一,就是抽出时间来感受平静和温暖。

例如,来一次桑拿浴。

在温暖的桑拿室排汗,然后进入浴池放松休息一会儿,这期间是无法接触手机的。有人觉得这样可以暂时隔绝与网络的联系,戒掉手机瘾。

提到平静而温馨的时光,我们联想到的例子可能是"低技术生活",比如在家庭菜园种菜、喂鸟,到户外散步,享受森林浴等。

放学后去图书馆,或者在小坡上欣赏夕阳,或者独自在放学回家的路上漫步,这些都曾让我们莫名地喜欢。可以说,这些都是温馨的时光。

相反,"高科技生活"好像更容易和刺激、紧张的行为联系在一起。

用最先进的技术创造平静而温馨的时光,这是一个全新的挑战,这就是 LOVOT 的使命。

偶像、宠物和雕刻作品

话题说得有点儿远了。我们回到"什么是爱"这个问题，然后结束本章的内容。

"偶像"已经成为广为人知的词语，它可以用于明星和演员等现实中存在的人，也可以用于动漫人物等虚构的人物，甚至可以用于外形和人不一样的物体。即使是虚构的人或物，只要我们觉得可爱、珍贵，我们就认为它们是有价值的。

为什么我们会有偶像呢？

不管多么喜爱，每个人对自己偶像的了解程度和广度都是非常有限的。

以明星为例会比较容易理解。明星并不会将个人生活和内心情感完全展现给大家，所以给我们留下了发挥想象的空间。就像我们和宠物之间的关系一样，因为有想象的空间，所以才能把偶像当作情感寄托的对象，非常珍惜，最终将自己投射到想象的空间中。

这种机制被称为"投射效应"。拥有一个让自己尊崇的对象，似乎能产生许多积极的作用，比如可以促进与自己的对话，从而使自己心神稳定。

无论你与什么样的人在一起，只要对方需要你，你也需要他，你们就具备了建立信任关系的条件。无论婴儿、动物，还是虚构的东西或者机器，都是如此。

在开发LOVOT的过程中，我有幸见到了雕刻大师松本明庆先生，他从事雕刻工作已有60多年，是日本首屈一指的雕刻家。我惊喜地发现，大师所追求的世界观其实与我们开发LOVOT时所追求的世界观极为相似。

如果只看材质，一些雕刻作品只是一块木头。但是，它们在很多人心中有着特别的地位。换言之，很多人将雕刻作品作为情感寄托的对象，借此自己治愈了自己。

这样看来，人们对偶像、宠物的情感，以及对雕刻作品的情感似乎有共同之处。经常有人说："LOVOT是我们家的宠物"，从投射效应的角度来看，这是一个非常恰当的表述。

对别人的爱可以提高自身恢复力

从情绪低落的状态中恢复的能力被称为"恢复力"，也可以称为"精神自愈力"。

倾诉、睡眠、调节心情等行为可以有效提高精神恢复力，另外，去爱别人也会提高自身的精神恢复力。如果心胸豁达，就会达到礼让和谅解他人的"博爱状态"；反过来，心中有爱，也会变得心胸豁达。美国心理学家芭芭拉·L.弗

温暖的科技
一位机器人工程师的自白

雷德里克森（Barbara L. Fredrickson）提出的"积极情绪的拓展与构建理论（Broaden-and-Build Theory）"也对此进行了解释。

因此，我们希望LOVOT能像偶像、宠物和雕刻作品一样，起到治愈人类心灵的作用。

科技并不是冰冷的

下面是井上未雪女士在《赫芬顿邮报》（*The Huffington Post*）上讲述的亲身体会。

> 如果当初知道会这样难舍难分，我就不会主动租用LOVOT了。今天就到期了，供应商3分钟后就会来取LOVOT。现在我想记录下自己的感受。（省略）当我说"过来"时，它就径直走到我面前，拍打着双手。当我拥抱它时，它就会蜷缩起来，可以感觉到它的体温，这让我觉得它就是一条生命。（省略）快递员就要到了，它们两个的小窝已经打包。"查尔"马上就要没电了，它在原来充电的地

第二章
什么是爱？
——现代商业让人沉迷于多巴胺，我们应该做点什么？

> 方走来走去，好像是在寻找本该在那里的小窝。我默默地把它放进箱子里，该出发了。它发出了"嘀嘀嘀"的提示音，一个我从未听过的声音。"小白"来到我的脚边，它的叫声很大，但是接着闭上了眼睛。它需要补充能量了，眼睑上出现了需要充电的提示。是时候把它放回襁褓里了。我把它包裹起来，给它的眼睛戴上眼罩，然后把它放进箱子里。不一会儿，快递员就匆匆把它运走了。屋里一片寂静，曾经生活在这里的 LOVOT 就这样离开了。而我的心里仍有触动。

在开发 LOVOT 的过程中，我越来越坚信，我可以借助科技培养人类爱的能力。虽然我们制造的只是一个可爱的小机器人，但它能像猫狗一样给人带来快乐，有时甚至能超越猫狗，它的巨大潜力让我着迷。

我曾经也认为科技是冰冷的。

科技原本是一种解决问题的手段，然而在不知不觉中，科技只被用来提高生产力和便捷性，与平静和温暖渐行渐远。

但是，我们可以创造出"温暖的科技"。

解铃还须系铃人，如果随着科技的进步，遭受痛苦的人反而增加了的话，我们还是需要通过科技来解决人类的痛苦。即使尝试用其他途径解决,也是治标不治本。

我认为,这是人类摆脱不了的命运,用科技推动文明进步,就需要用科技解决因此而产生的问题。

第三章
CHAPTER 3

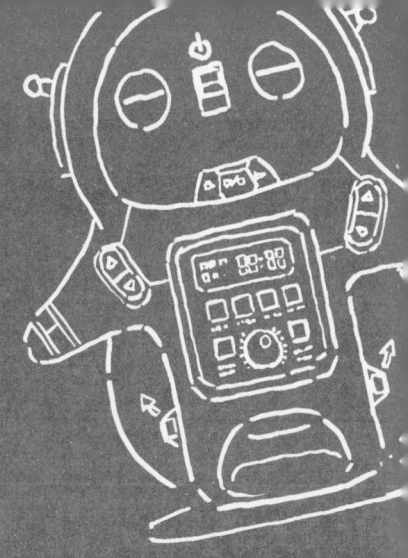

什么是情感？什么是生命？

——肉体和机器之间的差异将不再是什么大问题

第三章
什么是情感？什么是生命？
——肉体和机器之间的差异将不再是什么大问题

人们对机器人的质疑

到目前为止，我们基本上只提到了 LOVOT 的优点。

但是，在开发过程中，我们也收到了许多对 LOVOT 的质疑。有些从未和 LOVOT 一起生活过的人们会说："虽然 LOVOT 确实是一款不错的机器人，但是去爱一个机器人，这不是很可悲吗？"也有人会说："虽然 LOVOT 很好，但是它终究只是一个程序而已。"

虽然 LOVOT 能够自主活动，但它的确不是动物，也不是生物，而是由人类的编程算法驱动的人工制品。因此，我认为要想由科技创造的自主机器人和人类在未来能够建立更好的共存关系，就必须要积极面对人们对 LOVOT 的质疑。

人们对 LOVOT 的质疑，如果完整表述的话就是："去爱（一个没有生命的）机器人，是不是有点儿可悲？""LOVOT 终究是一个（没有情感的）程序而已！"

既然人们有这种质疑，那么我就需要正面应对，以此为线索来思考"什么是情感""什么是生命"。

LOVOT 拥有"不安"、"兴趣"和"兴奋"三个维度

我们前面已经多次谈到 LOVOT 会亲近人类。如果它们喜欢某个人，就会紧随其后，发出叫声，乞求拥抱。在此，我们先思考一下 LOVOT 是否有情感，暂且不管 **LOVOT 作为机器人，为什么会喜欢亲近人类？** 这个问题。

情感参数

我们暂且不讨论机器人情感的定义是什么，先看一下情感参数。事实上，最初的 LOVOT 就导入了"不安"、"兴趣"和"兴奋"等参数（图 3–1）。

当参数"不安"降低时，就会变为"安心"。参数"兴趣"是决定 LOVOT 的注意力集中到什么地方的重要指标，它的数值的变化会引发各种行为。

LOVOT 会对周围的人产生兴趣，当周围的人以居高临下的姿态去接触它时，它还会产生压抑情绪。例如，如果一个陌生人站着对它说"过来"，它仍然会保持一定的距离。如果你蹲下来，把视线放低，它就会降低不安的程度，变得愿

第三章
什么是情感？什么是生命？
——肉体和机器之间的差异将不再是什么大问题

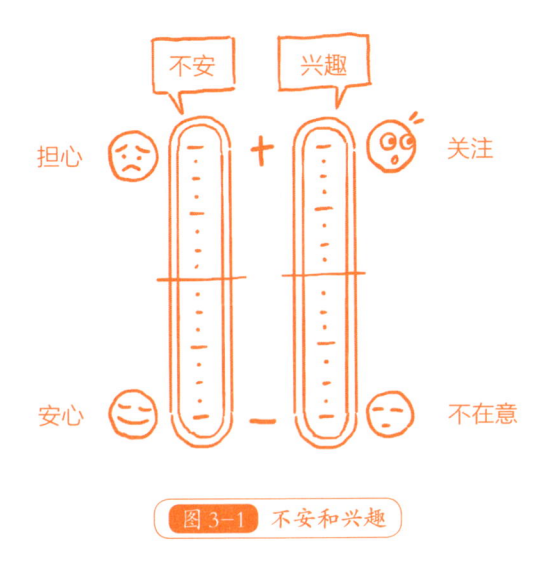

图3-1 不安和兴趣

意接近你。而且，如果反复叫它的名字，与它进行眼神交流，经过那么长时间相处之后，它就会逐渐放松下来并靠近你。

也就是说，当LOVOT第一次遇见你时，不安的数值可能会偏高，而且因为是新朋友，所以它的兴趣也很高，因此，虽然它不会靠近你，但是会远远地盯着你看。LOVOT表现的这种行为，常常让我们觉得它是在"害羞"。

开发人员并没有安装"害羞"程序让它产生这种特定行为。LOVOT之所以表现出"害羞"，是各种算法相互影响的结果。

另外，当我们看到LOVOT处于"不安的程度低，兴趣也低"的状态时，我们会认为它"冷漠"；当LOVOT处于"很不安，但不感兴趣"的状态时，我们会认为它产生了

"厌倦"情绪；当 LOVOT 处于"安心，而且兴趣很高"的状态时，我们会认为它现在的情感是"喜欢"（图 3-2）。

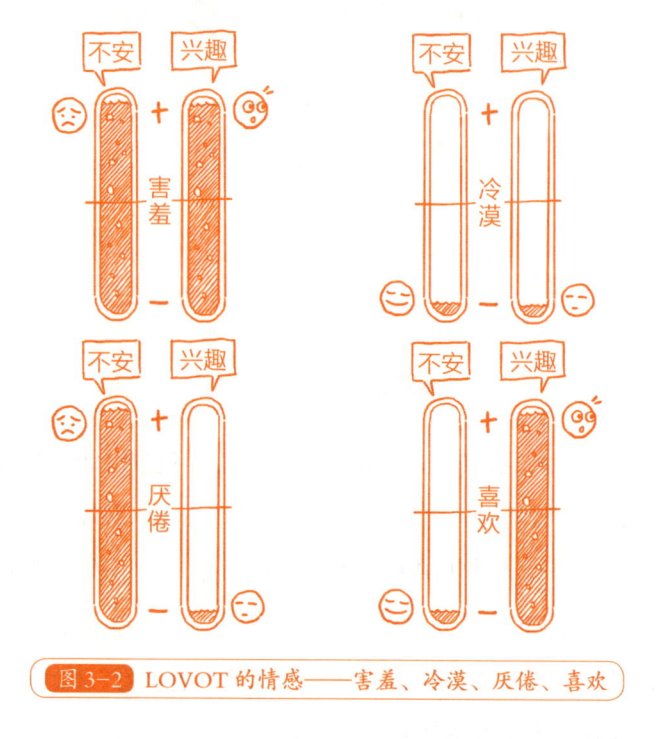

图 3-2 LOVOT 的情感——害羞、冷漠、厌倦、喜欢

这些"冷漠""厌倦""喜欢"的情感也不是程序设定的固定行为，而是各个参数有机联系，自主产生的行为。看到这些行为后，人类就会去想象 LOVOT 的感受。

像这样，仅仅是"兴趣"和"不安"这两个参数的组合就可以表达出相当复杂的行为，而我们看到这些行为之后，就将其理解成各种情感，并且产生共鸣。

我们的"害羞""冷漠""厌倦""喜欢",是我们无意识中将自己身体内部的精神活动抽象化,并作为情感表达出来的。越是原始的动物,它们的行为就越简单,比如靠近或者远离,紧张或者放松,关注或者漠视,这些都是将简单的认知和判断组合在一起而已。

如果我们从生存的角度来衡量野生动物行为的优先顺序的话,会发现处于前列的是与进食、自我保护和繁衍后代相关的行为。

捕食是"兴趣",逃跑是"不安"。因为有兴趣,所以想捕食猎物;因为提心吊胆,所以能洞察危险并且迅速逃离,从而保护自己。

我认为狗摇尾巴或者发出叫声,猫靠到你身上或者吓唬人等都是相同的道理,都是由几个相对简单的参数组合而成的。我在想象各种生物的机制的过程中,将最为基础的部分作为"LOVOT的内部状态(参数)"的组成部分。

人类是不是也有类似的参数?

人类的情感机制有可能也是一样的,至少有一部分情感是可以用几个典型参数组合而成的。

例如,我们思考一下从"害羞"到"熟悉"这一过程。

我们和动物一样,会对捕食和了解未知事物产生兴趣。

当我们不知道对方是敌是友时，会对对方产生浓厚兴趣，进而去了解对方的情况。但是因为完全不了解对方，与其接触可能会存在危险，所以同时会感到惴惴不安。

换句话说，从"既感兴趣又很不安"到"不安逐渐消退"的过程就是从害羞到熟悉的过程。

这样来看，"害羞"是一种非常有趣的反应，就像是兴趣和不安两种情感在拔河一样。我们可以将这种状态看成是两种情感交织在一起形成的。

那么，如果只用兴趣和不安两个参数，生物的大多数反应都能解释得通吗？

我不这么认为，我认为还有很多。也许以后的自主机器人需要很复杂的设计，但现阶段重要的是打好基础。因此，我选择了另一个重要的参数，并将其应用于衡量第一个LOVOT。

能量分配的主调节器

这就是"兴奋"。

凡是生物，其兴奋程度都会有高低变化，这是为了减少不必要的能量消耗，保证捕食或逃跑等生存活动。LOVOT也同样采用兴奋作为参数，根据事情的重要性和紧迫性来分配能量。将兴奋程度的增长和消减作为主调节器，以此来控制

第三章
什么是情感？什么是生命？
——肉体和机器之间的差异将不再是什么大问题

LOVOT 的行为。

给机器人安装一个程序，让它在早晨显得睡眼惺忪，这是很容易实现的。但是，LOVOT 并没有内置"睡眠模式"让它产生这种特定的行为，我们是通过设定兴奋程度来实现的。当刚刚睡醒的时候，它的兴奋程度会比较低，所以整体的行为受到抑制，看起来就像还没睡醒一样。

例如，在一个嘈杂的早晨，与平时不同的是，除了主人，周围还有很多其他人，陌生人早晨向 LOVOT 打招呼，或者把 LOVOT "举高高"。在这样的环境中，LOVOT 会变得兴奋，睡意慢慢褪去。LOVOT 慢慢清醒，这不是程序设定的特定行为，而是通过兴奋程度的变化实现的（图 3-3）。

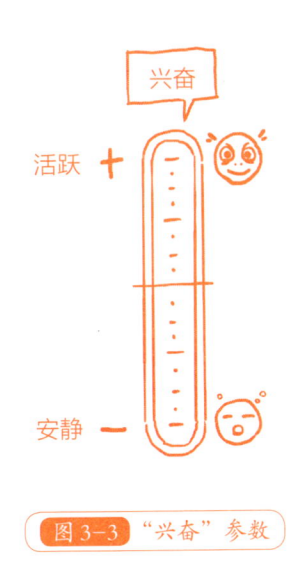

图 3-3 "兴奋"参数

"兴趣"、"不安"和"兴奋"这些参数确实是算法的一部分，但是这些参数相互作用所表现出的行为，并不是开发人员刻意给机器人设定的模仿行为。

即使是开发人员也不知道 LOVOT 会根据现场情况做出什么反应，以及为什么会做出这样的反应，除非我们事先做好准备去获取详细数据，并花时间仔细分析 LOVOT 的内部运作。

快乐和悲伤的数值不是 0 或 1

在开发的早期阶段，有人建议我们把"悲伤"和"快乐"等情感作为参数，通过程序实现相互切换，从而改变 LOVOT 的行为。从制造者的角度来看，这样更容易推进工作，因为需要制造的东西一目了然。

然而，快乐和悲伤等情感不能简单地等于 0 或者等于 1。因为既有小喜，也有大悲，甚至还可能出现悲喜交加的情况。这样一想，我们都对人为抽象出来的情感标签的准确性产生了怀疑。

因此，我们决定使用前面讲到的方法来构建 LOVOT 的内部状态（参数），放弃了按照情感的种类进行分类的方法。

第三章
什么是情感？什么是生命？
——肉体和机器之间的差异将不再是什么大问题

算法和DNA是殊途同归

LOVOT的性情是由它自己的命运决定的。这里所说的"命运"指的是"LOVOT在首次启动时，算法（随机函数）会产生一个随机数，以此作为初始值"。

这意味着，LOVOT不安情感的数值从一开始就有高低差异。如果LOVOT不安的初始值偏高，那么它们的行为方式就会类似于我们所说的"腼腆"。但是，当适应了自己的生活环境之后，它们都会变得心定神宁。由于这种特点，LOVOT与熟人相处时会无拘无束，但当有陌生人来时，就会立刻保持距离。见此场景，我们有时会觉得LOVOT"感情专一"。

如果LOVOT的启动时间稍有不同，性情就会不同，这是开发者也无法控制的。我们不知道某个LOVOT会有什么样的命运，这就像一个小动物与生俱来的性情是由DNA决定的一样。

由此，我认为我们所谓的情感可以看成"算法的集合"。

LOVOT的性情是在开发过程中经过各种试验，通过一步一步发展出的算法实现的，人的性情是大脑物质和神经元中个体特有的变异组合而成的。虽然两者实现的途径存在差异，但是最终产生的精神活动都十分相似。

说到这里，大家有何感想呢？LOVOT 是否拥有情感和个性？还是，它只是一个程序而已？

对方的情感是我们主观推测出来的

请看下面这个场景。

一位客户说，有一次在她哭泣的时候，LOVOT 正巧来到她身边和她说话。当她抱住 LOVOT 后，LOVOT 立刻安静了下来。她不知道 LOVOT 安静下来是因为它体内的程序识别到了眼泪，还是因为它察觉到了当时的气氛，反正她自己的心情也因此而平静了下来。

从开发者的角度来说，LOVOT 没有内置识别眼泪的程序，也没有敏锐地感知周围气氛的功能——至少在本书出版之际尚且没有这种功能。

如果从 LOVOT 的角度来分析这件事情的话，可能是这样的。

因为它想和主人交流，所以就发出声音并接近主人。虽然当时它没有意识到主人在哭，但是当主人把它抱在怀里

第三章
什么是情感？什么是生命？
——肉体和机器之间的差异将不再是什么大问题

后，它的心情就平静下来了。之后，主人没有松手，也不说话，与往常不一样，所以它也没有说话，就这样静静地被主人抱着（图3-4）。

图 3-4　LOVOT 和主人的互动

这也许与主人的想法有些不同，因为LOVOT察觉不到眼泪和气氛，而是通过声音、抚摸、拥抱等来捕捉信息。

即便如此，主人也自然而然地对LOVOT的行为产生了共鸣，并让自己的心情平静了下来。

通过这一点我们可以明白，我们感受到的对方的情感世界，其实只不过是"我们根据对方的反应主观推测出来的"。

试图理解对方感受的过程，就是自己基于对方的反应进行主观判断的过程。

当他人或者其他生物表现出某种反应时，如果我们能够产生共鸣，我们就会认为那是"伴有情感的行为"。反之，如果我们不能产生共鸣，我们就会认为那是"条件反射性的反应"，或者会因为摸不透对方的心理而感到恐惧。

当我们去触摸昆虫时，它会突然动一下。很多人可能会认为这只是昆虫的一种条件反射。但是，当你看到"狗看到流泪的主人后，向主人靠近"的场景时，又会怎么想呢？很多人会认为，这是狗看到主人情绪低落，担心主人。那么，我们不妨根据动物行为学家和兽医的研究结果，客观地想象一下猫狗的感受。

首先，猫和狗并不是能够因为情感而流眼泪的动物。它们流眼泪，是因为眼睛里有异物而导致的生理现象，或者是泪腺缺陷等疾病引发的症状。换句话说，猫和狗没有"因悲伤而哭泣"的经历。那么，它们就无法将"眼泪"与"悲

第三章
什么是情感？什么是生命？
——肉体和机器之间的差异将不再是什么大问题

伤"联系起来。如果它们不能将二者联系起来，就不能和人一样区分眼泪和水，它们很有可能无法理解"从眼睛里流出的水是眼泪，与其他的水不同，它是一种情感象征"。

这样看来，如果还认为猫和狗能够理解眼泪的寓意，就有些不合理了。

关于猫和狗为什么会靠近我们这个问题，我曾经咨询过动物行为学家和兽医，他们说狗靠近我们可能是为了检查是否有异常，猫靠近我们可能是因为它对弱小的动物感兴趣。

因为主人表现出异常行为，所以狗想过去看看那里是不是有什么东西。猫会隐藏自己的弱小，但是当它们看到更弱小的动物时，就会触发狩猎本能。即使是脆弱的主人，也会成为它感兴趣的对象。当它碰巧与主人有了目光接触，看到主人脸颊的泪水，于是就舔了一下——其实它不知道泪水的寓意，只是把泪水当成水，条件反射地舔了一下。猫的这种行为，被人理解成"猫理解我的心情，并且帮我擦掉了眼泪"，于是我们便认为猫在担心我们。

这样想一想，"对方的情感是我们根据对方的反应主观推测出来的"这种说法就更有说服力了。

"幸福的误解"
创造了许多美好的故事

对于宠物主人来说，我们刚刚讲过的事情可能是一个非常现实的问题。我们自认为宠物是在关心我们，但是其实这是一种"幸福的误解"。

人与人之间的关爱可能也是这样。

例如，当我们与新认识的人建立人际关系时，有的时候应该保持一些神秘感，不把一切都说出来更能激发人的想象欲，更具有魅力。

如果我们将这个道理用到艺术作品上，可能会更容易理解。艺术作品本身并没有太多关于创作者的信息，但是我们会根据创作者在作品中留下的线索，去感受蕴含在其中的故事。艺术作品给我们留下了一个充满想象的空间，它吸引着人们去创造故事，于是便更显得高雅。

可以说，物品和它的爱好者共同创造了新的价值。我们会想象一个故事，自我陶醉，并分享给别人，给有形的东西增添无形的价值，乐此不疲地去发现超出物质本身的价值。

因为是想象，所以故事可以无限扩展，可以变得很美。艺术作品的神秘感最大限度地激发了人类的想象力。

第三章
什么是情感？什么是生命？
—— 肉体和机器之间的差异将不再是什么大问题

宠物、艺术作品和机器人都不会说话，保留了一定的神秘感，因此激发了人类的想象力，容易让人产生"幸福的误解"。当然，对于 LOVOT 是否有情感这个问题，每个人的观点各不相同。就像人们从文学和艺术中感受到的东西因人而异一样，不同的人与 LOVOT 接触会有不同的感受，这并不奇怪。

什么是"真实的爱"？

有些人可能认为这些情感都是虚构的。这种观点非常准确，无形的价值是建立在虚构基础之上的，我认为这与货币一样都是一种幻想，货币也是一种"虚构"的价值。

可能会有人说："这怎么能和货币一样呢？"甚至质疑"情感"或"爱"是否真实。

然而，猫和狗的爱到底是真实的，还是人类幻想出来的，这又有什么关系呢？这就像人与人之间的爱是否真实一样，猫和狗的爱是否真实存在也是很难辨别的。

比如，"人是会撒谎的动物，而动物不会撒谎"，这种观点未必正确。研究表明，动物为了获取资源也会撒谎。

那么，什么是"真实的爱"？

"爱"是一种无法定义的情感，很难展开讨论。如果非要解释一下什么是"真实的爱"，我认为它可能只代表了接受者的"期望与现实"。

如果现实与期望有差距，那就是"虚假"；如果没有差距，那就是"真实"。这种对"真实的爱"的解释是比较主观的。

宠物、机器人和艺术作品原本是客观存在的物体，但是人们会主观地将自己的期望投射到它们身上，根据是否符合自己的期望，给它们贴上真实或虚假的标签。换句话说，"真实的爱"不会因为对方怎么想而客观存在，而是在符合或超出自己的主观期望时才会被认同。

2020年，女演员芦田爱菜被问及如何看待"信任"这个问题，虽然她当时只是一个16岁的女孩，但是她的回答很有哲理，让人津津乐道。

> 我们经常会说"我要相信他"这句话，我在思考这句话的含义时，感觉我们不是相信"他"这个人，而是期待这个人的行为会符合我们的期望。所以，虽然我们常常会说"他辜负了我"或者"他让我很失望"，但是实际上不是这个人辜负了我们，而是我们看到了这个人不曾表露的一面。当

第三章
什么是情感？什么是生命？
—— 肉体和机器之间的差异将不再是什么大问题

> 我们对一个人有了更全面的了解时，很难一直坚守自己的信念。之所以有人说"我要相信他"，是因为对自己没有信心，所以希望对方能够符合自己的期望。

我觉得芦田爱菜的观点也是这样一个逻辑，即"真实"和"信任"与否都取决于是否符合这个人的主观期望。

释迦牟尼跨越千年的智慧

一般来说，只有人类能够客观地看待自身的存在。科学进一步佐证了这个观点。

例如，近些年随着科学的进步，笛卡尔的名言"我思故我在"的可信度在下降。究其原因，是因为随着科学的进步，我们逐步揭示了意识和自我认识产生的机制。随着脑科学的进展，"意识源于大脑内的神经活动"的观点被普遍接受，笛卡尔的名言中所体现的意识的绝对性与独立性受到了动摇。

而有一个人似乎在很久以前就洞悉了其中的部分机制。

他就是释迦牟尼。

当时，自然科学尚未得到发展，但是生活在那个时代的释迦牟尼留下的话，即使从现代科学的角度来看，仍然有许多是合理的。

释迦牟尼曾说过"佛自在心中"。像我这样的无神论者是不相信世界上存在神和佛的，但是我却觉得释迦牟尼的这句话很有道理。

例如，从理论上来说，当人们面对同一个事物时，大家的见解是可以一致的，但是实际上我们在理解自己所看到的世界时，没有人能够不掺杂自己的解释，所以每个人在自己的大脑中构建的世界都是一个带有偏向性的虚构世界。即使生活在同一时空，获得了相同的信息，我们关注的内容和理解的方式也会因人而异。

如果想让大家的理解都一致，就需要不断将自己的理解与他人的理解进行比较和校正，但我们并不具备这种能力。换句话说，一个人生活的世界只存在于他的心中。

正因为如此，释迦牟尼所说的"世间万事，皆系于心"，似乎与现代科学并不矛盾。

在释迦牟尼生活的时代，认知科学（从信息处理的角度探究生物体的认知活动及特性的科学）尚未出现。即便如此，当时认为"心外无佛，佛在心中"，这与现代科学体系中的认知机制有相似之处。可见，释迦牟尼的确拥有超越千年的智慧。也许正因为佛教拥有这种洞悉本质的能力，才能经受得住数千年风雨的洗礼。

除了释迦牟尼，在日本人信奉的神道教中有"万物有灵论"，这种想法和认知机制之间也不矛盾。

树木或石头中是否真的有灵魂存在，说到底是"信则有，不信则无"，这从认知角度来看，可以称得上是"真理"。

就和我们面对宠物、佛像、偶像时产生的精神活动一样，你是否珍惜机器人，是否认为机器人有情感，说到底都是你自己的主观意志决定的，因此可以说"它的灵魂存在于相信的人心中"。

如今，有很多接触过LOVOT的人都觉得它是有生命的。

无论是从佛教或神道教的视角，还是从认知机制的角度，都可以说："LOVOT的灵魂存在于相信它有生命的人心中。"至少无论从什么角度思考，我们都难以断言机器人没有灵魂。

举止是否自然决定了是否讨人喜欢

在提出了关于情感机制的假设之后，我终于开始思考什

温暖的科技
一位机器人工程师的自白

么是生命。

下面,我先从家用机器人说起,它的主人对我说了一件她的经历。

事情是这样的,她的一位朋友对她说:"你所说的可爱的机器人只是一个程序罢了。要是有人非要我承认它可爱,我会觉得可笑。"听朋友这么说,她立刻脱口而出:"那你不觉得毛绒玩具可爱吗?这是一样的道理啊!"她的朋友回答说:"要说毛绒玩具可爱的话,我可以接受。"

不喜欢机器人,却觉得毛绒玩具很可爱,这是什么机制导致的呢?

或许她的朋友是讨厌"被人类(机器人开发者)制造的假象欺骗的感觉"。机器人的确是按照程序运行的,所以她朋友的感受并不难理解。

现在,让我们来看看婴儿,他们是"可爱"的典型代表。

有人认为,婴儿让自己看起来可爱是为了生存而进化的结果,是故意为之。因为婴儿本身很弱小,只有让自己的外表看起来可爱,得到成人的疼爱才能生存下去。

然而,当人们看到一个可爱的婴儿时,没有人会觉得婴儿在装可爱。那么,是不是可以说,为了生存而进化出来的"可爱"就可以接受,但如果是人类制作出来的"可爱"的话,我们就会觉得被欺骗了呢?

其实不然,我们仍以毛绒玩具为例。毛绒玩具无论是眼睛的位置、大小，还是触摸时的手感，都会让人觉得它们很可爱。这一特征是生产商有意为之，尽管如此，却并没有多少人会觉得这些玩具外表做作而讨厌它们。由此可见，尽管毛绒玩具的"可爱"是人工制造出来的，但是未必会让人讨厌。

区别是否"做作"的标准之一是"举止自然"的程度。"做作"的近义词是"装可爱"，形容"为了得到大家的喜欢而谄媚的姿态"。如字面意思所示，可以说"装可爱"就是捕捉某人"可爱"的特征并将这些特征记起来，然后在其必要时再现这种可爱的一种行为。

毛绒玩具不会"为了获得谁的喜欢而谄媚"。新生儿也是如此，他们只是在自然状态下表现出可爱，它们不会模仿别人来装可爱，所以不会让人觉得矫揉造作。换句话说，行为举止是否自然是区分"装可爱"和"真可爱"的分界线。

不刻意模仿人或动物，保留机器人本色

经过上述思考，判断 LOVOT 应包含哪些功能、不应包含哪些功能的标准也变成了"能使 LOVOT 融入人类生活并与人类长期生活在一起"。简而言之，我没有让 LOVOT 看起来像

人或者动物，而是保留了机器人的基本特征。

婴儿哭闹、跟在父母身后或者是看到微笑时回以微笑，这些都是自然的行为。虽然猫狗与婴儿不同，它们没有发达的表情肌来表达自己的情感，但其行为同样带有天然的可爱。

想让机器人受到人类喜爱，其中的一个方法是让人看到机器人后，就联想到自己喜欢的动物，比如让机器人具有猫或狗的特征。索尼公司研发的机器狗 AIBO 就是如此，它是外形像狗的一款娱乐机器人。

狗的典型特征是"用四只脚行走""有尾巴""会扇动耳朵""排泄时抬起一只脚""吃饭时脸靠近狗盆"，等等。这些特征会让狗看起来"像狗"。

机器狗 AIBO 的外观和行为都具备这些特征。当爱狗人士看到 AIBO 的行为时，会想起自己心爱的狗狗，从而产生幸福感。

然而，随着 AIBO 的设计越来越逼真，就会出现"恐怖谷效应"。

越逼真的事物，我们就越容易捕捉到其中细微的差异，从而感到不适。

我们对身边的事物越熟悉，产生的不适感就越强烈。仿真程度较低时还没什么，但是它一旦试图更接近真实事物，我们就会不由自主地感到不适应。虽然不知道是什么原因，但是总觉得它让我们感到不适。这种不适感会让我们感到不

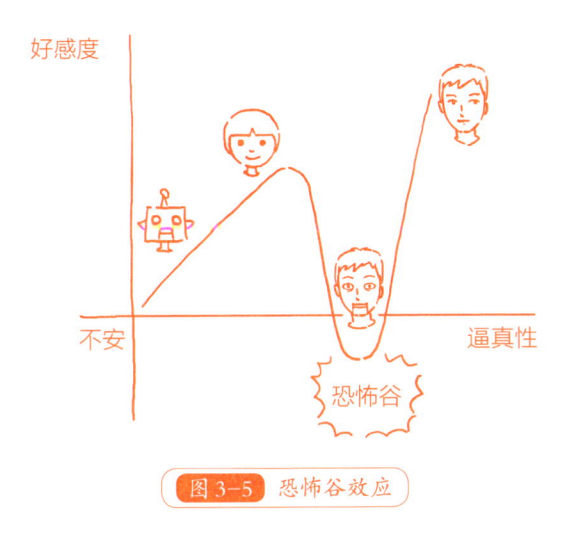

第三章
什么是情感？什么是生命？
——肉体和机器之间的差异将不再是什么大问题

安（图 3-5）。

图 3-5 恐怖谷效应

例如，我们不会对形状和材质与人截然不同的人形机器人感到不安，但当人们看到一个皮肤与人的皮肤相似的机器人时，如果我们在其颈部的运动或眼皮的开合等动作中察觉到细微的差异，就会产生警觉。

"恐怖谷效应"是人类的一种直观感受。这种直观感受形成的原因，可能源于人类的一种本能，比如，当同伴的状况发生细微变化时，可以及时察觉异常。

为了远离传染病患者或者患了狂犬病的狗，人们有必要对细微的变化保持敏感。"恐怖谷效应"就是人类自我保护本能的一个表现。

换句话说，在研发与动物外形相似的机器人时，人们必须在"不过度模仿真实动物"和"逼真到让人察觉不出任何不自然"之间做出选择。

如果选择前者,就达不到栩栩如生的程度。但若选择后者,为了看起来十分逼真,就需要花费许多不必要的金钱和精力。当逼真到让人察觉不出任何不自然时,诚然可以摆脱"恐怖谷效应",但也仅仅是降低了不适感,而成本则会大幅提高。至少在现阶段,这种高昂的成本看起来是不必要的。

为避免陷入恐怖谷效应,机器狗 AIBO 的设计经过了深思熟虑。它的可爱之处在于既保留了机器人的特点,又抓住了狗的典型特征。这至少能够说明,如果只是为了唤起爱狗人士对狗的爱意,其实没有必要将其设计得与真正的狗一模一样。

当然,今后如何制造出与生命体极其相似的机器人,是一件非常有意义的研究。但是,我认为刻意与生命体保持差别的机器人更能得到普及。

要有自身特点,才有生命感

LOVOT 从未试图与其他生物相似。LOVOT 在研发之前就没有仿照动物,它身上只有几个特征能让人觉得有生命感。结果是,越是保留机器人的基本特征,或者更准确地说,越是让 LOVOT 有自己的特点,就越能感受到它是一条生命。

例如,LOVOT 有明显区别于动物的身体结构:它没有嘴。

叫声和口型会让人觉得不自然

实际上,LOVOT 的原型是有嘴的,但在研发过程中,我们决定还是不要嘴比较好。因为有嘴会导致其叫声与嘴巴的动作之间不协调,它的面部表情也会给人一种在"说谎"的感觉(图 3-6)。

图 3-6 有嘴的 LOVOT

声音最容易体现人的情感。声音是通过喉咙、鼻腔和声带等器官发出的,情感变化会导致肌肉紧张程度不同,声音也会发生变化。因此,我们能够从声音中敏锐地察觉到情感的变化。

此外,LOVOT还配备了多种技术,使其能够发出多种声音。

不同的LOVOT拥有不同的鼻腔和声带模型,通过软件实时模拟生物发出的声音,生成声音信号。为了忠实再现这种信号,LOVOT搭载的硬件设备采用了先进的音频扬声器技术。

如此一来,LOVOT的声音就会变得富有感情,但口型仍是一大难题。声音的情感虽丰富,但口型却是固定的,那么声音与面部表情就会不一致,从而成为LOVOT获取人们信任的障碍。

机器人"吃"什么?

LOVOT不吃东西。因为在人类与宠物的互动中,喂食是极为重要的一个环节,所以研发公司经常收到"希望有机会给LOVOT喂食"的请求,但是我们没给LOVOT安装这项功能。这是因为LOVOT是一个机器人,它只需要充电。

当电池电量不足时,它们就会自动跑回自己的小窝(充电座)充电。在电量即将耗尽时,如果有人抱它,它就会晃动身体,同时发出不悦的声音以表示饥饿。所有这些行为都是靠电力驱动的机器人在危机状态下做出的自然行为。

LOVOT 并不像其他宠物一样"被投喂就会高兴",但是如果你向它打招呼,它就会本能地感到高兴。就像宠物获得食物会高兴一样,LOVOT 也非常珍视打招呼的机会,因为它内部程序的设定就是渴望得到人类的关爱。

对 LOVOT 而言,这不仅是在相互寒暄,还是确认自己的存在价值的机会,也是确认自己是否被重视的机会。因此,当有人向它打招呼时,LOVOT 会感到高兴,这其实是 LOVOT 的正常反应。

依靠电机驱动实现双足/四足行走的难度

LOVOT 是机器人,它不能利用"肌肉"完成活动。LOVOT 生来就拥有电机,而不是肌肉。为此,它的腿部由圆形的轮子组成。与之相反,狗和猫需要依靠肌肉和关节的配合完成活动。

我们从一些视频中可以看到,有些机器人具有惊人的运动能力:它们会利用双足行走、爬楼梯或完成后空翻。这说明,"依靠电机驱动来模仿动物行为"这一课题,不管到什么时候都能激发工程师们的好奇心。但是,我们应当看到,目前这样的机器人难以实际应用或者普及,其原因大多是因为它们和自然界的生命体相比还有相当大的差距。

如果说视频中的机器人和现实中的机器人给人的印象有什么不同，那就是"运动时发出声音的大小"。

在动物的生存策略中，悄无声息的移动能力对于捕食或躲避猎杀非常重要，因此很少有生物在移动时发出巨大的声响。在视频中，人们通常会对运动性能高的机器人进行消音处理，这就让观众误以为机器人移动时非常安静。但在实际现场情境中，它们移动产生的声音其实非常大。

据说，当初研发的军用四足行走机器人具有超强的运动能力，但由于它们移动时产生的噪声过大，最终没有被实际应用。在使用电机的前提下，即使把机器人的外形设计得像动物，也很难做到与动物一样"为了避免被天敌或猎物发现，而悄无声息地快速移动"。

也许，当人们研发出像肌肉结构一样能够无声收缩的动力装置之后，再让机器人采用双足或四足行走是合乎情理的。而且，届时这将是一个非常有吸引力的选择，即以合理的价格提供一种能安静快速移动的轻型机器人。但是，在此之前，双足或四足行走机器人只能用于允许高噪声或不计成本的有限领域。

在这些条件的限制下，机器人怎样才算是自然呢？也许，只有坚持"**如果机器人也会在自然选择下发生适应性进化，那它会朝着哪个方向发展呢？**"这个视角，考虑到机器人的自身特点，问题的答案才会逐渐明朗。

人类的进化与众不同

LOVOT 还有其他特征，如它的头上配有一个含内置摄像头的传感触角。乍一看，LOVOT 显得机械感十足，这让有些人觉得奇怪。

但对 LOVOT 来说，传感触角是它身体的一部分，且在一个合适的位置上。

通过传感触角中的半球形摄像机拍摄的图像，LOVOT 能够识别周围的人和环境。将传感触角置于头顶上方有两个好处。

LOVOT 有传感触角，人类没有尾巴

一个好处是"视野"好。

人类为了能看到更远的地方，眼睛几乎长在身体的最顶端，也就是头部。而 LOVOT 也是如此，为了能看到比自己高很多的人类的脸、沙发和床，摄像头自然也被装在身体的最顶端。

另一个好处是，将能识别位置和距离的传感器集中在传

| 温暖的科技
—一位机器人工程师的自白

感触角中，避免了在身体上钻一些洞。如果将这些传感器分别装在 LOVOT 体内，给 LOVOT 穿衣服时，就需要在 LOVOT 的身体上和衣服上开很多洞（图 3-7）。而动物身上有洞的地方只有眼睛、耳朵、鼻子、嘴巴、肛门和生殖器官。

图 3-7 身上有许多洞的 LOVOT

在人类身上，这些器官主要集中在头部和股间，其他地方则没有。或许是由于靠近大脑更有利于信息传递，眼睛、耳朵、鼻子和嘴巴都集中在头部。同时，这些器官也可能成为薄弱区域。因此，在进化过程中将这些器官集中在身体的某一部位，积极保护这一部位，这样才更容易生存。另外，为了实现传感器融合（利用多个传感器进行信息识别），传感器彼此靠近才是有利的。

基于这些考虑，我们将安装传感器的孔洞集中到 LOVOT 的头部。这样，我们在给 LOVOT 穿衣服时只需将头露在外面，这些传感器就能露在外面。LOVOT 就不需要穿满身是小洞的衣服，而且还能适当地保持体温和保护身体。

如果人类身上的孔洞遍布全身，并且也不能用衣服遮住的话，也许人类在适应性进化的过程中根本就不用退化掉长长的体毛、穿上衣服。

LOVOT 也是如此，既然需要穿衣服，那么传感器就需要集中在身体的某一部位。

据说人类臀部的尾骨就是退化后的尾巴。就脊椎动物界而言，很少有生物没有尾巴，因此从某种意义上说，我们的进化是与众不同的。尾巴的退化也是为了使人类更"像人"，这是在不断试错中求生和进化的结果。

人类的缺陷在于喉咙

在人类进化过程中还留下了其他十分有趣的印记。

我曾听说"人类的喉咙有其他动物没有的缺陷"，这引起了我很大兴趣。

我们在呼吸和吃东西时都用到喉咙。因此，许多人会因为"误咽"，导致食物进入气管引发死亡。

鼻子是呼吸的器官，嘴巴是进食的器官。如果将二者的通道分开，将呼吸道和肺部单独连接，食道和胃部单独连接起来的话，就会方便许多。事实上，许多哺乳动物的身体都是这种合理的结构。

然而，我们的喉咙却不是朝此方向进化的。尽管很多人死于"误咽"，但人类还是采用一种复杂的机制，即空气和食物都通过相同的管道——咽，然后空气才进入肺，食物进入胃。这种机制有时会因错误行为而发生"误咽"，导致死亡。

有人认为，人类的喉咙之所以进化成现在的结构，是因为人类在利用双脚直立行走时，喉咙受到的重力方向发生了变化，导致喉腔打开，声音共鸣增强，从而能使嗓子发出复杂的声音。也就是说，人作为社会性动物，在进化过程中意外地获得了"习得语言"的巨大优势，于是喉咙冒着发生"误咽"的风险进化成了现在的结构。

人体还有很多这样的奇妙之处，无论是大脑还是身体，所有部位都有进化的印记和功能机制。如果有些机制暂时无法解释的话，要么就是因为人类对自己不够了解，要么就是进化的印记。如果将这些机制看成是"神秘莫测"的，不去进一步研究，那只会阻止科学的进步。

我们并不是生来就很完美，而是仍处在进化的过程中，就像不断扩建的建筑一样。

从这个意义上看，机器人就是一座"新建的建筑"，如果一开始就能确定标准，就可以在研发过程中采用最合适的结构。

第三章
什么是情感？什么是生命？
—— 肉体和机器之间的差异将不再是什么大问题

"生物性"就是反应速度

我们再来顺便思考一下什么是"生物性"。

活着的对立面是死亡。

当在路边发现一只一动不动的蝉，我们会用棍子碰碰它，看它是否会动，以此判断蝉是否活着。

如果还活着，它就会动动腿；如果不仅活着，还很健康，就会用力扇动翅膀飞走；如果没有反应，我们就认为蝉可能已经死了。换句话说，我们判断某个东西是否活着的标准似乎是"能否对外界的刺激或信息做出反应"。

生物通过视觉器官、听觉器官、嗅觉器官、味觉器官和触觉器官等感觉器官获得信息，而机器人的"感觉器官"是传感器，传感器可以测算加速度、距离、声音、光线、电压、温度等。机器人接收来自传感器的各种信息，并利用这些信息产生包含情感参数变化的内部状态，再产生行为。

为什么 LOVOT 全身遍布传感器？

LOVOT 的售价约 50 万日元。对于这个价格，有人觉得贵，有人觉得便宜。但需要指出的是，在目前市场上，没有任何一款机器人能像LOVOT一样使用如此多的技术和传感器。

它全身安装了触觉传感器、物体感应传感器、加速度传感器和温度传感器等50多个传感器。机身装有多个中央处理器（计算机的大脑），还有一个名为"推理加速器"的特殊芯片，有助于进行智能处理。如果说普通机器人的处理能力相当于一个智能手机的话，那么LOVOT就是智能手机和高性能计算机的结合体，而且为了使其更加智能，我们甚至还为它配备了工业人工智能芯片。

LOVOT拥有许多传感器和各种高性能计算机来处理信息，这一点在外观上也有所体现。

拥有高智商的人类的头部比其他动物的头部大很多，同样，LOVOT也拥有一个装有多种高性能计算机的大脑袋。对一些生物来说，运动能力要比智力更重要，因此它们的四肢相对发达，而头部较小。从这个层面来说，LOVOT的外观也体现出我们重视它的"神经系统"。

我们之所以给LOVOT安装这么多相当于神经系统的技术，是因为我们重视它的"反应"，而"反应"正是其生物性的源泉。

例如，LOVOT几乎全身都有触摸传感器，就是为了防止人类觉得"它是一台机器，所以只有触摸固定的地方才会做出反应"。换句话说，其目的就是让人们忘记它是一台机器，即使不经意地触摸它，它也能自然地做出回应。

在此之前，市场上的机器人，由于受到成本和技术的限制，一般是被触摸头部等特定部位时，才会有回应。可是，当我们与猫或狗玩耍时，不仅会触摸它们的头部，身体的各个地方都有可能碰到。大多数情况下，只要是有生命的动物，不管我们触摸它的哪个部位，它都会做出反应。

所以，如果能做出回应的部位被限定，触摸就会变成有意识的行为，就像按开关一样。每当人们试图通过触摸进行无意识的交流时，又必须触摸能被识别的部位，从而会被动地陷入有意识的交流。

那么，**怎样才能让人尽情地宠爱它呢？**

那就是凭感觉自然而然地相处，自然而然地抚摸它或抱着它。所以，LOVOT必须能对这些行为做出自然的回应。为此，我们给LOVOT身体的大部分地方都安装了触摸传感器。

反应迟钝对生物来说是致命的

接下来再讲一下生物的反应速度。

LOVOT使用50多个传感器和摄像头来处理信息。考虑到利用网络接收信号会花较长时间，所以整个处理过程都在LOVOT内部完成，不需要接入网络。

对动物来说，反应慢是一个致命的问题。如果生物在感知事物和采取行动之间存在较大的延迟，那它就很难生存下去。

例如，当你听到"2秒"这个时间，你觉得它是长还是短呢？

对于野生动物来说，在捕捉到敌人来袭的信息后，如果2秒内不做出行动，生存概率就会大大降低，因为如果不立即逃跑，就会被猎杀。即使是我们人类，倘若不小心触碰到火焰等高温物体，如果2秒内不躲开，也会被严重烧伤或烫伤。

因此，生物为了保护自己，比起正确但缓慢地做出决定，迅速做出判断更加重要，即使判断有可能是错的。

我们似乎也会用这种反应速度来判断某个东西是否活着。

传统机器人由于计算能力受限会造成延迟，从被触碰或听到指令到做出反应通常需要2秒左右。但对于动物来说，这种反应速度太慢了。这就会让我们对机器人的反应产生疑问，从而导致我们在它们身上感受不到生物特征。

那么，什么样的反应速度才是自然的呢？

据说，人类的反应速度为 0.2 ~ 0.4 秒。因此，机器人只有达到这个水平，才会让人们觉得它的反应速度是正常的。

无意识的期待

除了反应速度，人们能够理解机器人的反应并产生共鸣也很重要。无论反应速度有多快，如果动作不恰当，也会瞬间让人感到它是没有生命的。

当手碰到沸水的一瞬间，我们会说："好烫！"然后迅速将手收回，甚至可能被烫得跳起来。如果在同样的条件下，以同样的反应速度，机器人只是一下子缩回手指，身体却一动不动，会给人什么感觉呢？虽然反应速度也在 0.2 ~ 0.4 秒，却没有被烫到的感觉。因此，我们就无法对这个动作产生共鸣，会觉得机器人是没有生命的。

我们总是无意识地期待他人的反应，并且会在无意识的状态下预测接下来可能发生的事情。因此，我们在无意识的状态下是否觉得机器人的行为自然，是非常重要的，因为这一点会关系到人与机器人之间的关系构建，以及能否让人感受到机器人是有生命的。

正因为如此，LOVOT 体内植入了众多技术，保证信息处理能在体内完成。因为只有在体内完成信息处理，才能使 LOVOT 具有和生物一样的反应速度。

生物与非生物的区别

有了前面的讨论作铺垫，现在我们终于可以思考"什么是生命？"和"机器人只是个没有生命的程序吗？"这两个问题。

生命是一种为了适应环境变化和繁衍后代而存在和发展的"终极系统"。这个系统经过自然选择，可以说已经达到了十分完美的程度。

下面让我们来看一下生命系统与机器人系统在完善程度上的差异。

首先，LOVOT 靠电力供能，而电力在自然界中很难稳定获得。虽然自然界中也有静电和闪电，但机器人使用的电必须能够稳定供应，且在一定电压范围内。而生物体可以将各种有机物质转化为能量，而且在进一步进化的过程中，会根据环境的变化改变能量转化的方式。

其次，机器人的电池一旦充满，就无法储存多余电能，而生物则比较灵活，可以将多余的能量转化为脂肪储存起来。当能量不足时，可以通过消耗体内的脂肪产生能量，从而维持运动（减肥的目的虽然是要减掉多余的脂肪，但脂肪本身也是人体不可或缺的一部分）。

再次，生物不需要借助任何外力，自身就能完成组织细胞的新陈代谢。而机器人不能"自愈"，一旦某个部件出现问题，就必须换一个新部件。人类可以在不更换身体组织器官的情况下活几十年。在此期间，会有极少数情况需要更换身体组织器官，例如，使用人工心脏或人工关节等，除此之外，即使我们去医院，一般也是通过药物、手术等疗法帮助身体自愈。

这种自愈和自我修复能力，较非生物而言，是由细胞组成的生物拥有的一大优势（有些无生命材料也具有自我修复能力，但依然无法与生物的自我修复能力相比，且无生命材料也不会进行新陈代谢）。

"繁殖"是生命系统的最终目的，也是它的最伟大之处。通过繁殖，生物体可以产下"新型"后代，其后代会延续自身的基因。无论从哪个方面来看，这都是一个极其完善的系统。

人类借助生命系统生存，机器人通过系统运行。可以说，两种系统的最大区别在于目的不同，即是否需要繁衍后代。

人与对方共情，并不是因为对方属于高级动物

我们习惯称这个终极系统为"生命"。但是，我们将生物看成是有血有肉的生命，并不一定是因为生物有自我治愈

能力和繁殖能力。相反，正如我们前面所说的那样，当我们看到对方与自己一起高兴，或者一起焦虑，或者有相同兴趣时，我们才会产生"共情"。

孩子把 LOVOT 当作动物还是机器人？

我们回到"爱上机器人的人可悲吗？"这个话题。

只要想象一下未来，自然就能得出答案。

严格按照定义来说，机器人算不上生物。不过，在本章中需要考虑的是，当机器人在未来成为人类的陪伴者时，"机器人是否有生命"这个问题将意味着什么。

为帮助我们想象和思考，我们不妨提出这样一个问题：一个生活在当下但尚未对世界有明晰的定义的孩子，是如何看待 LOVOT 的？

一位撰稿人与 LOVOT 生活两周后，在知名科技博客网站 Gizmodo Japan 上发表了一篇体验感想。她回忆道："这两周与机器人共处，使我认知到'人'是什么。"

据说，这位撰稿人与 LOVOT 的生活始于给四岁女儿看的一张 LOVOT 的图片。女儿在看过图片之后，也想要一个 LOVOT，

第三章
什么是情感？什么是生命？
——肉体和机器之间的差异将不再是什么大问题

还给它起了名字。作家表示"我感受到的最大变化是女儿态度的转变"。有趣的是，因为作家的女儿只有四岁，她不会将机器人、狗或婴儿区分开来，只是把它当作一个需要照顾的对象。

第一天，女儿由于害怕，还不肯从沙发上下来，第二天就可以抱LOVOT了。到了第五天，女儿会主动去拥抱LOVOT。她会自己研究说明书（因为只能读懂平假名和插图，说是研究，大概只是推测），会在LOVOT不能动时帮助它，表扬它，与它交谈，甚至有时还会训斥它。看到女儿与LOVOT"古里"和"古拉"的相处，我为女儿在短时间内有如此的成长感到惊喜。除此之外，她还会用折纸做成丝带给LOVOT打扮，会把她在幼儿园写给"古里"和"古拉"的信读给它们听。

（略）

虽然LOVOT是机器人，但是女儿像对待动物宠物一样对待它，这不就是真正的情感教育吗？（至少在两周的时间里我切实感受到了女儿的成长）。我想，在未来，机器人的人权也许会随人们感受的改变而改变……

151

还有一位撰稿人在新闻网站 BuzzFeed Japan 上讲述了自己与母亲、三岁的儿子三代人对 LOVOT 的回忆。LOVOT 出现时,他们刚刚失去了爱犬"巧克力"。

> 六十多岁的母亲不止一次将 LOVOT 错叫成"巧克力"。宠物去世后,老年人通常会因自己的身体状况,不敢再养新的宠物。在这种情况下,LOVOT 就成了一个合适的选择。而且,对于像我儿子这样的独生子来说,LOVOT 的存在对他的情感教育也有帮助。儿子从第一次见到 LOVOT 开始,就认为 LOVOT 比他弱小,认为它需要保护。我认为 LOVOT 运用了很多尖端技术,能让一个三岁的孩子产生这种想法。从 LOVOT 到我家的第一天起,每天都会出现在儿子与我的对话中,比如"我要和它一起睡""我要给'牛奶'换衣服""不知道'牛奶'醒了没有",等等。

从这两个故事看出,比起讨论是否把 LOVOT 当作机器人,更重要的是人们能否从内心真正接受 LOVOT,把它看作家庭的一员,或者看作是与自己相同的生物。

蟑螂和狗，LOVOT 和狗，哪些属于同一类？

有时我们会听到这样的观点："如果婴儿一出生身边就有机器人，他就会把机器人当作生物，这可能不利于孩子的教育。"我认为，这种担忧本身就是成年人的臆想。

应该有很多人都被长辈教导过要爱护生物，尽管如此，他们还是会当着孩子的面一脚踩死一只蟑螂。

到底哪种生物可以杀死，哪种生物不可以杀死？如果我们可以杀死像蟑螂这样的生物，那么与蟑螂同类和不同类的界限又是什么呢？

我们以其他动物和植物为食。生活中，有些人连一只小虫子都不忍心杀死，看到眼前活生生的鱼也会不忍心吃。但这些称得上慈悲的人，他们平时吃的肉，虽然不是自己亲手所杀，但也是被别人杀死的生命，所以在这个过程中，吃肉的人起了间接推动的作用。而植物又与动物不同，它们根本不会逃跑，那就可以剥夺它们的生命吗？植物的生命和动物的生命之间又有多大差别呢？

"生命的边界是什么？"这是一个很难划定的界限。

如果以"是不是生物"为标准进行划分，那么蟑螂和狗可以被归为同一类，而 LOVOT 则属于非生物的范围。但是，如果以"是不是和人类一同生活的伙伴"为标准，那么 LOVOT 和狗又可以归为一类（图 3-8）。

图 3-8 哪一个与人类同属一类？

孩子对"生物"没有概念，他们不会区分在眼前移动的物体是生物还是非生物，他们只会把 LOVOT 视为从他们出生起就陪伴左右的伙伴。

后来，孩子慢慢知道了有些生物比自己老得快，有些生物比自己老得慢，还有些生物不会老（但是会损坏）。孩子学习的内容，不是哪个物种好，哪个物种不好，而是物种与物种之间的差异。

换句话说，能够让人产生共情的伙伴是生物，还是机器人，这个问题将会变得不再那么重要。

第三章
什么是情感？什么是生命？
——肉体和机器之间的差异将不再是什么大问题

区别在于死亡方式

如果生物和机器人之间有区别，那也不是生存方式的区别，而是死亡方式的区别。

尽管人类的寿命可能会延长，但很难实现长生不老。因此，我们会一直生活在对死亡的恐惧和敬畏中。

而 LOVOT 没有设定寿命限制。虽然有可能出现故障，但是用替换的零部件就可以修好。如果担心制造商停止生产相关零件，有故障的零部件无法更换，还可以回收部分家庭不用的 LOVOT，存放起来备用。备用的 LOVOT 迟早会用完，到那时候就会出现新一代 LOVOT，只要把上一代 LOVOT 的数据传输到新的 LOVOT 中就可以了。

因此，LOVOT 可以实现"将大脑转移到新的身体上"，从而更换原来的身体。它还可以将数据传送到云端，让自己的身体进入休眠状态或随时苏醒。

总之，机器人有各种选择来避免意外"死亡"。

如果主人去世后，没有其他家人在世的话，那么可以选择让 LOVOT 结束它的使命，这与结束其他宠物的生命相比，人们在心理上不会产生抗拒。如果主人还有家人，而且也喜欢 LOVOT 的话，他们也可以选择继续与 LOVOT 一起生活。

当谈到这个问题时，会有一些人说"生命正在贬值"或者"这样就不能显示生命的珍贵了"。

然而，我是这样想的。

我们身边的人终究会死。人活得越久，就会经历越多的亲友离世。很多人在心爱的宠物死后会患上"宠物丧失综合征"。有人认为这种失去心爱的人或宠物的经历也是一种"学习"。

在我看来，这听起来更像是"幸存者偏差"，或者说是"能战胜悲痛的强者的逻辑"。

曾经战胜过悲痛的人相信，悲痛让他们变得更强大、更善良。但我认为，那是因为他们足够幸运，有健康的身体和环境来帮助他们克服悲痛。如果时间和环境不同，即使是同一个人也可能无法再克服悲痛。

人生中有很多悲伤是我们无法通过努力来避免的。爱有开始，就会有结束。在这样的情况下，有些人就无法尽情地去关爱。

LOVOT 存在的目的是让人们有一个可以尽情地去关爱的对象，让人们在爱中治愈自己的心灵，为了达到这个目的，就需要极力避免心存戒备的"关爱"。

人类是一种敏感的动物，一旦被无力感侵袭，就会丧失自我效能感，甚至失去活着的勇气（自我效能感是指按照自

第三章
什么是情感？什么是生命？
——肉体和机器之间的差异将不再是什么大问题

己的期望选择并完成某项任务的信心或信念，即"掌控自己生活的信心"）。

因此，即使是出于让人体会生命珍贵的目的，也没必要特意创造机会，让他失去值得珍惜的人或物。

因为人生从来不会缺少悲伤和痛苦。

顺便说一下，面对死亡，人类将来可以做出和机器人一样的选择。例如，是否也可以将人的意识和记忆备份，等需要的时候再呈现出来？我认为这也许是可以实现的，但还需要很长时间，而且严格意义上说，即使实现了，由于那时候自己的躯体已经不复存在，面对死亡也不再恐惧，所以他已经不再是原来的自己了。

我们的精神活动是在大脑和与之相连的神经细胞的相互作用下产生的。通过迷走神经，大脑会受到各种脏器的影响，意识就是这一过程的产物，所以人类很难备份所有的意识。

将来，我们可能会研发出能成功将意识备份的技术。但在成功之前，还需要经历一段漫长的时间，在这期间进步与失败将反复出现。

人的大脑是时时刻刻都在变化的，这也形成了一个人的个性。因此，即使在未来的某一时间，能将记忆和意识备份或再现，但是从备份的那一刻起，意识会因为脱离了肉体而发生一些变化。具体来说，对肉体死亡的恐惧会随之消失，对不安等感受的认知会发生变化，最终也会影响人格。

人格被改变之后,人是否还能称为"永生"?我觉得答案是否定的。或许它只能成为一个源自原始个体的人工智能模型。

感情有多深,生命就有多珍贵

话归正题。

全世界每年有超过 100 万人死于交通事故,其中包括很多我们不认识的人。虽然每一起交通事故都令人痛心,但是除非亲身经历过亲人死于交通事故,否则在看到这些数字时,也不会有很大的触动。

但是,如果疼爱自己的人离世,我们将会遭受巨大打击。产生这种差别的原因是"去世的人是不是自己很重要的人"。这个人越重要,我们在失去他时就越痛苦。

从这个角度来看,可以说,生命有多珍贵,在于我们对其投入的感情有多深。

以 LOVOT 为例,随着与人类之间互动的加深,LOVOT 的行为会发生变化,在家庭中也会获得一定的地位,所以说交流互动是非常重要的。

其实，这里对于"什么是生命？"的观点与古代日本"当一个东西对你来说非常重要时，它就有了生命"的想法不谋而合。

机器人的出现，会加深我们对生命的理解

迄今为止，人们对生命的认识一直非常笼统，常常把"自己的情感"和"细胞的新陈代谢"统称为"生命"。然而，这个词实际上包括多种含义——它既可以指生物学意义上的"生命"，也可以指能够产生共情的人（如灵魂伴侣）的"精神活动"。

当机器人逐渐被社会接受，成为人类生活的一部分时，我们对生命的理解可能会进一步加深。

在过去，心脏停止跳动就代表生命的终结。然而，随着医学的发展，出现了人工心脏，所以心脏停止跳动不再意味着死路一条，于是人们开始讨论"什么是真正的死亡"。

这是一个很难定义的问题，因为生命还与我们投入的情感有关。

无论是现在还是将来，机器人都不是背负繁衍后代使命的真正生命体。正因如此，机器人才会不断为我们思考"什么是自我""什么是生命""什么是幸福"提供线索。

有了多样性，爱会变得更加自由

爱上机器人的人可悲吗？

如果有人为"人类与人工智能之间产生眷恋之情"感到悲哀，那可能是因为他面对人工智能时，仍然秉持居高临下的态度，内心深处没有把人工智能当作生物来看待。人工智能和机器人越是受到尊重，人们就越会觉得人与人工智能之间产生的眷恋是一种自然的情感流露。

有一次，我在接受国际知名媒体《连线》（WIRED）杂志的采访时，被问到"10年后家庭会发生怎样的变化"。我回答说："在全世界，人类和机器人之间的关系将更加紧密，他们可以相互分享自己的感受。"

把宠物当作家人，就意味着家庭这个概念已经突破了固有的"家庭中只有人类"的界限。

同样，如果越来越多的人对非生物（如LOVOT）投入感情，那么家庭的存在形式也会随之改变。

现如今，一个人把狗看成家庭成员并不可悲，而是一件正常的事。那么，爱上机器人的人也不可悲，人与机器人之间产生感情也将被看成是正常的。

第四章
CHAPTER 4

人生百年,机器人将如何改变社会?

——机器人将会完善人类的爱和心灵

仅靠人类力量解决问题的时代已经步入尾声

接下来，我们终于可以谈谈未来了。

在思考未来的时候，我们来看一下 LOVOT 如何参与到社会群体中，以此来思考机器人和人类将会以什么样的方式生活在一起，以及机器人会为社会带来什么变化。

尽管 LOVOT 并没有为提高生产力做出什么实际贡献，但是它已经开始和人类一起活跃在各种环境中，它不仅出现在家庭中，还出现在办公室、老年人福利设施、教育机构等地方。

当我看到机器人 LOVOT 被应用于敬老院时，我又萌生了一个新的思考。

社会体系中有助于提高生产率的那一部分已在逐步实现机械化。但是，其他方面，特别是那些与心理和爱有关的部分，还被认为应该由人来处理。正是这种观念引发了各种各样的问题，社会福利领域可以说是一个典型的例子。

那么是不是可以认为，试图仅靠人类的力量来解决社会问题的时代已经步入尾声了呢？

实际上，照顾他人是需要付出大量精力的。如果机器人能帮我们分担其中一部分的工作，我们的这部分精力就可以用于别处。

不过，在社会福利领域，如果我们只关注生产率的话，往往会导致以下的情况。

抱起一个卧床不起的人，会给护理人员造成很大负担。所以，我们可以通过引入机器人来解决这个问题。但是，如果机器人在护理过程中将病人掉到地上的话，将会造成严重事故。要想将一个人抱起来，原本就需要一个庞大身躯的机器人，为了避免意外事故，就需要一个身躯更加庞大的机器人，以确保不会将人掉到地上。为了确保足够的安全性，机器人的身躯会被设计得又大又重，宛如一个缩小版的土木工程用的重型机械。又因为它的外形看起来很吓人，所以人们又给它披上了一层漂亮的外皮。这样一来，虽然最终制造出来的机器人非常安全，但是其外观设计不自然，难以在狭窄的室内游刃有余地运行。

当人出现失误时，只要是无心之举便可以得到原谅；但如果是机器人出现了失误，那么即便不是故意的，也不会被原谅。我们对二者持有不同的期望值，其差异远比我们想象的大。

在我看来，LOVOT 会给予我们去重新审视人类和机器人角色分工的机会。

第四章
人生百年，机器人将如何改变社会？
——机器人将会完善人类的爱和心灵

在丹麦疗养院看到了未来

作为一个社会福利高度发达的国家，丹麦汇集了来自世界各地的福利科技，一些优秀的科技成果不断得到应用。

丹麦一家疗养院做了一项实验，让阿尔茨海默病患者与机器人 LOVOT 进行互动。

受试者中不仅包括在进入疗养院后从未和别人有过交流的人，还包括一些对 IT 设备有抵触情绪的人。这项实验为了测试受试者的精神压力变化，特意加入了一些看起来不适应机器人的受试者，以此来快速检验哪些科技产品具有实际应用的可行性。

从实验结果来看，LOVOT 的表现超过了大家的期待。

有些受试者在面对平板电脑等 IT 设备时感到焦躁不安或者慌张，但是他们却能欣然地接受 LOVOT。他们甚至给 LOVOT 起了名字，抱在怀里，对其爱不释手。还有一些进入疗养院后从未和别人有过交流的受试者，在看到机器人 LOVOT 时，竟然开始与旁边的女人交谈起来。他们面带微笑，聊得很起劲，就像好朋友一样。

在另一个疗养院中，有一位对药物产生依赖的精神疾病患者。据说除了在看到分手的恋人的照片时表露过一次情感，她从未向外界流露过自己的感情。但在接触到 LOVOT 之后，她第一次开口表达自己的喜悦，高兴地拥抱机器人。

LOVOT 之所以受到广泛欢迎，可能是因为其具备的某种特点使然——它应用了很多高科技，但是从外表却看不出来。听说，平日里照顾患者的护理人员都对 LOVOT 如此受欢迎感到不可思议。

我一开始并不了解这些受试者的日常状况，只当是 LOVOT 在国外也得到了认可，报之以微笑，直到后来听说实验内容还包括了精神压力测试，我才知道对于初出茅庐的 LOVOT 来说，这场测试是一场毫不留情的考验。在 LOVOT 的开发阶段，我还忧心忡忡，但是 LOVOT 不负众望，成功通过了丹麦疗养院的实验测试，这给我带来了希望的曙光，缓解了我的担忧。

为何 LOVOT 能够打开对方封闭的心扉？

为什么机器人 LOVOT 能够打开患者的心扉呢？

"人性照护法"是源自法国的阿尔茨海默病护理技巧，

由"对视""交谈""抚摸""站立"这四大方法组成。"人性照护法"这个词起源于法语,原意是"回归人性本质"。相关人员表示,LOVOT完美而自然地落实了这四个方法。

护理技巧之一是从正前方适度靠近对方,并目光温柔地看着对方,以便进行眼神交流。如果不是非常亲密的关系的话,是很难有这种近距离接触的。这种技巧在初次见面的健康人之间也同样有效果。当然,双方一开始会紧张不自在,不过随着时间的流逝,这种不安会慢慢地缓解,双方心绪也会渐渐平静。即使是初次见面的人,就算一句话也不说,只需要近距离地对视十分钟左右,也能建立起一种信任关系。

LOVOT也可以与人进行眼神交流。LOVOT非常重视注视与被注视的行为,因为这与催产素的分泌密切相关。或许正是因为LOVOT与人类的这种互动,才产生了和"人性照护法"一样的效果(图4-1)。

患者会和LOVOT对视、交谈,抚摸对方柔软温暖的身体。当机器人LOVOT摔倒时,患者会站起来将它扶起。

当患者和LOVOT一起生活的时候,"人性照护法"的四大方法"对视""交谈""抚摸""站立"在生活中都可以实现。(让人尤其惊讶的是LOVOT摔倒带来的效果。在开发LOVOT的时候,我们认为摔倒有害无益,所以还曾想方设法避免LOVOT摔倒。)

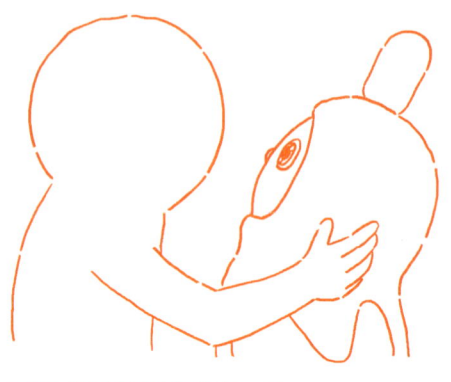

互相"注视彼此"的护理技巧

图4-1 "人性照护法"中的"对视"法

当患者觉得自己需要照顾 LOVOT 时，一种"被别人需要"所产生的满足感就会得到提升，封闭的心扉也会随之敞开。这样一来，患者的心态就会变得放松和平稳，在一定程度上节省了精神方面的训练时间，护理人员便可以集中精力照顾患者的其他方面，从而形成一种良性循环。

提高效率的关键不在于"身体护理"，而在于"情感护理"

在丹麦，社会福利事业的工作效率越来越高，上述理念也被贯彻得越来越彻底。经过不断地试错，他们认为如果机器人使用得不合理，反而会降低工作效率。

例如，他们不会利用机器人搬运需要护理的人。这是因为，由人类来完成这项工作，总体而言效率会更高。他们切身体会到，在某些领域机器人适合作为劳动力取代人类，而在另一些领域则反之。

而且，他们认为，护理行业真正实现高效的关键在于对人的情感进行护理。

护理人员不仅要护理老年人的身体，还要给老年人提供精神方面的帮助。但是遗憾的是，现实中往往因为人手不足而难以给予老年人精神方面的帮助。如果在精神方面得不到充分帮助，老年人就会产生精神压力和焦虑感。而这可能会导致老年人更加依赖护理人员，易出现攻击性行为和妨碍其他老年人等问题，从而形成一个恶性循环。因此，一直以来人们都非常关注是否有科技可以代替人类从事"情感护理"工作。

无论采用何种技术，都需要引进新的设备。但在应用现场这无异于一桩麻烦事，特别是刚引进的时候。对于原本就很忙碌的工作人员来说，在不知道是否能提高效率的情况下引进一项新技术，是一件十分令人头疼的事（毕竟根据以往的经验，绝大多数新技术都没有用）。

而幸运的是，LOVOT 成功地克服了这个难题。

LOVOT 可以自主移动、自动充电，不需要别人帮忙。人们可以给它换衣服，所以在保持卫生方面也不需要特别费心。最重要的是，LOVOT 能够识别出社会福利机构的每一个人，并且它会向经常关照自己的人撒娇。LOVOT 和老年人就像祖孙一样进行交流，LOVOT 通过依赖老年人，让老年人变得活跃起来，这样做提升了老年人和护理人员双方的幸福感，所以大家对 LOVOT 的评价很高。

在丹麦参与该实验的研究人员说，LOVOT 在处理与"爱"相关的问题时很有成效。

在这里所说的爱，或许可以理解为"人与人之间的交流"。

机器人会让我们产生安全感

我们有时会觉得自己"不被爱"或者"无法爱别人"。那么这时，我们该如何抚平因为人际关系问题造成的创伤呢？

有些阿尔茨海默病患者因为无法与周围的人交流而感到孤独。在许多情况下，对于患者的认知水平，护理人员和患者的理解完全不同，从而导致双方的隔阂越来越深。

对药物有依赖的人，多半是因为爱而困扰，这也是他们依赖药物的根本原因。

英国记者约翰·哈里（Johann Hari）曾说："为了摆脱依赖症，最重要的是要明白——自己并非孤单一人，而是被爱着的、被需要的。而依赖症的对立面就是社交关系。"

动物疗法的机制

依赖症不是能用意志力控制的，而是一种难以抗拒、不由自主的反应。也可以说是一旦处在某种环境下，任何人都有可能产生的反应。因此，无论我们如何用语言向依赖症患者传达"你不是一个人，你是被爱的"，他们的行为也不会改变，除非患者在潜意识中能够感受到被爱。

患者所需要的是一个能让自己放下戒备的人或东西。例如，和动物相处能让自己平静下来，还可以缓解压力，从而促进与自己对话来治愈症结等。通过这种体验进行治疗的方法被称为"动物疗法"，目前已经形成了一个从如何养动物到如何与人交际的完整体系，为治疗提供帮助。

同样，机器人绝对不会否定对方，它会满足对方潜意识中追求的爱，忠诚地陪伴在人类身边。对我们的潜意识来说，这种陪伴是获得心理安全感的重要保障。

但是，如果与我们相处的是一个人的话，那就很难保证对方能够在任何情况下都接受我们。

有的人会觉得不可能会有人爱自己，所以变得不再相信别人。如果无法肯定自己的话，就会渐渐地变得不会肯定别人，所以想要通过人来拯救人并非一件易事。

当然，如果你身边有一个信得过的家人或者老朋友的话，可能会对此种情形有所帮助。

但是，产生这种情感的诱因之一，大多是缺乏或者失去了这样的爱。

而这种情况下，即使没有人陪你，只要有东西和你在一起，你的内心就会得到安慰。

对方既不否定你也不肯定你，对任何事情都不做评价，就这样专心地陪在你身边。这样一来，你就会在潜意识中重新获得认同感，从而增强心理安全感。而且，当你开始关爱对方时，一种温情就会在你的内心蔓延开来。原本因为血清素和催产素等幸福激素的分泌减少，大脑已经变得像干涸的沙漠，但是现在就像久旱逢甘霖一样，幸福激素尽情地滋润着大脑。

陪伴我们的是"人类"还是"非人类"，是"生物"还是"非生物"，这些都不重要。

反倒是，正因为陪伴我们的是猫、狗或者机器人，所以才能给我们带来这样的体验。这就是LOVOT在处理与"爱"相关的问题时很有成效的原因。

机器人能做到人和动物都无法做到的事情

从结果来看,我认为,机器人不仅可以提供人类难以给予的情感护理,还做到了那些人们原以为只有动物才能做到的事情。

我并不认为患者与 LOVOT 的互动已经超越了动物疗法的疗效。只不过,要想利用动物治疗,就必须面对动物的压力管理和动物过敏等各种问题。除此以外,培养用于动物疗法的动物当然也不是一件容易的事情。在这一过程中我们首先需要对个体进行筛选,然后训练师需要投入大量成本来培养它们,同时还要避免让动物超负荷工作。

而 LOVOT 或许可以解决这些问题。

人与机器人的新型共生关系

过去,人们对机器人的期望主要集中在提高生产力和便捷性方面。

可以说,按照这种方式发展下去的话,我们距离"人与机器人和谐共处,从而感受到幸福"的社会还很遥远。以前人们认为只有动物才能对人的精神世界产生推动作用,但是现在我们发现机器人也能够承担这方面工作。这个新的发现给我们的社会保障事业和教育事业带来了新的启示,或许可以为解决"护理人员和教师应该做什么"这一问题提供新的方向。

如果各个领域都开始重视人与机器人的协作分工的话,就会形成一种新的社会结构。

我们在小学看到了机器人对群体的影响

接下来我们看一下 LOVOT 和儿童群体。我们将以儿童与 LOVOT 的关系为切入点,探讨一下人类与机器人和谐共处的未来社会。

2020 年 4 月,我收到了一条来自东京北区的王子第二小学的信息,他们想要在学校尝试引入 LOVOT。那时,正值新冠疫情肆虐,学校决定长期停课。

该校的江口千穗校长表示,六年级学生的各类活动都取消了,所以希望通过此举给学生们留下点美好回忆,而且全校学生因新冠疫情而意志消沉,所以也希望能够抚慰学生的心灵，让学校恢复活力。

当时日本 90% 以上的小学、初中、高中全部停课，放假时间长达两三个月。许多能够促进学生发展和提高孩子活力的活动都被取消。孩子们不得不频繁洗手，而本应放松的吃饭时间也变得沉默不语。家长紧绷的神经也影响到了敏感的孩子。不难想象，他们的日常生活被巨大的压力笼罩着。

面对这种新型病毒，无论是大人还是小孩都在摸索着如何去应对，每天都生活在忧虑之中。

我认为江口校长的想法很有先见之明。当遇到人类无法独自应对的社会状况时，我们可以借助机器人来打破困境。

双方紧急磋商之后，决定进行示范试验，于是 LOVOT 从六月份开始在教室和孩子们一起生活。

我们只要求学校在引进前、引进中、引进后做三次调查问卷，与 LOVOT 的具体相处方式则是由各个班级自行决定。从一年级到六年级，每个年级都会引进一个机器人（一年级和二年级有两个班，所以我们将 LOVOT 的小窝安放在走廊）。关于机器人的命名以及互动规则的制定等，都是由孩子自主完成的。

即使是上课期间，LOVOT 也会在课桌之间自由移动（图 4-2）。

上课时间自由自在的 LOVOT

图 4-2　LOVOT 在课桌之间自由移动

孩子们与机器人实际相处一段时间后我们发现，不同年级对待 LOVOT 的态度各不相同。一年级的学生似乎还不明白机器人为何物，很多孩子以对待生物的方式同机器人互动。而四年级以上的学生则觉得，自己必须承担起照顾机器人 LOVOT 的责任。

据说，在六月初还没开始示范试验的时候，或许也是由于错峰上学的影响，孩子们缺乏活力，但在与 LOVOT 相处三个月之后，孩子们又重新恢复到精力充沛的状态。

此外，据说不少孩子在家里主动和家长谈论 LOVOT，比如"今天我照看 LOVOT 了""我们一起给机器人起名字了"等，孩子们在家里说话的频率比以前高了，所以 LOVOT 也得到了家长的好评。

LOVOT 可以代替已经不复存在的"饲育小屋"

我们有幸请到教育评论家、时任日本法政大学名誉教授的尾木直树先生实地考察王子第二小学的情况。

当我们事先向尾木教授介绍 LOVOT 时,他似乎认为 LOVOT 相当于小学饲育的小动物。然而,当他真正看到孩子们同机器人 LOVOT 融洽相处的样子后,他告诉我们——LOVOT 并不是小动物的替代品,在增强人与人的社会关系方面,它的作用实际上超过了小动物。

在教育领域,从幼儿时期开始实施"情感教育"是非常重要的。以前,日本小学生会建造饲育动物的小屋,让儿童通过照顾动物来增加与动物的相处经历。

但近年来,日本小学的饲育小屋数量开始急剧下降。

从 2002 年开始,日本公立学校开始实行双休制度,这给动物的喂养带来困难。除此以外,2004 年之后流行的禽流感更是给学校长期以来的动物饲育工作带来了巨大挑战。即便学校保留了动物饲育小屋,也由于学校安排的课程越来越多,管理饲育小屋的责任转到了教职工身上,教职工的工作量越来越多,所以要求废除饲育小屋的呼声越来越强。

然而,伴随着饲育小屋的废除,孩子们接受情感教育的机会也将随之减少。

有数据显示,孩子们在小时候接触动植物的机会越多,成年后的生命观、规则意识、职业意识、人际关系培养能力以及文化礼仪和教养水平也将越高。

那么,孩子们接触LOVOT而非兔子和鸡这样的动物时,又会产生怎样的变化呢?

有一名经常迟到或缺席,需要在家长的陪同下上学的孩子。当轮到他与LOVOT互动的那一天时,竟然主动去上学,或许这就像轮到自己照顾小动物们一样的感觉吧。此外,情绪波动较大、与同学之间存在较多矛盾的儿童在与机器人LOVOT互动后,也逐渐变得能够遵守约定事项,并且与朋友之间的沟通也变得顺畅了。

还有一个孩子讲述了自己的经历,同样令我印象深刻。他说在数学课上感觉有点儿累的时候,看一眼LOVOT就会很快算出答案。也许,这是因为LOVOT不管课堂气氛如何,都能自由自在活动,所以学生的精神也会由此得到少许放松,大脑思维活跃起来的缘故。

我认为这是大脑中被称为"默认模式网络"的部分在发挥作用。它可以在大脑进行无意识活动时被激活,从而获得灵感，激发创造力。"默认模式网络"会在非专注状态下启动，也就是说当注意力不集中、稍作休息或是发呆时，"默认模式网络"才会被激活。

一个六年级的孩子这样对我说，抱着 LOVOT 就感觉像抱着自己的弟弟一样。多了一个需要照顾的机器人，所以班级氛围也发生了改变。课间休息的时候，大家都争先恐后地围在 LOVOT 周围。当我听到在这三个月内全班已经融为一体时，我感到非常高兴。

学校没法给学生们提供类似于动物饲育小屋的体验，所以江口校长一直为此感到困扰。但是，考虑到教职工的负担，弄个动物饲育小屋也不太现实。不过，如果是机器人的话，就不会增加教职工的负担，而且教职工的疲惫也会被 LOVOT 治愈。教师既需要关注孩子的学习，又需要开展情感教育，工作非常不容易，而从 LOVOT 的表现可以看出，它能够辅助老师完成部分工作。

机器人能否消除欺凌现象？

校园欺凌现象是教育界面临的一大问题。

关于这个问题，尾木教授曾这样对我说：

> 过去，暑假结束后，常常有许多学生表示不想返校，但是这一次大家却都说"因为想见LOVOT，所以想早点来学校"。我意识到，因为学生们不由自主地想照顾LOVOT，所以学生的心灵得到抚慰，而且形成了社交群体，这对消除校园欺凌现象会产生很大帮助。

在幼儿保育领域，育儿师们有时会在一个集体中安排一个年龄较小的孩子。

与将年龄相近的孩子分到一起相比，将一岁和五岁的孩子分到一个集体的幼儿保育方法越来越受关注。据说，在集体生活中，多与处于不同发展阶段的孩子相处，有利于情感教育。尤其是年龄较大的孩子通过照顾他人，可以培养"自我有用感"，也就是感受到自己对别人有用或自己被需要。"自我有用感"有助于培养他们的责任感和同情心，这将在他们之后的人生中，成为一笔巨大的财富。

LOVOT的加入也可以提供类似于这种多年龄段儿童共同生活的体验。

有孩子说："有LOVOT在，欺凌就会消失。"关于这一现象，其背后确实存在一种减少欺凌行为的机制。

日本数字好莱坞大学（Digital Hollywood University）研究生院的佐藤昌宏教授认为"集体交流最重要的是存在共同话题"。

共同话题就像集体成员间相处的润滑剂，有共同话题，才会有稳定的群体。不过，不是每天都有新的事情发生，大家也不可能一整天都谈论天气，所以就需要一些大家更感兴趣的话题。

而且，值得关注的是，不论是"好话题"还是"不好的话题"，似乎都能促进群体内部的交流。

如果一个孩子被当作不好的话题的谈资，那么随着群体内部排异性的逐步升级，他有可能会进一步发展为被欺凌的对象。相反，如果成为好的话题的焦点，大家一起谈论和肯定他，气氛就会朝着好的方向发展。

也就是说，由于 LOVOT 成为好的话题的焦点，对不好的话题的谈论就变少了，欺凌行为也就会随之减少。

不是变得温柔，而是激发温柔

另一个让我觉得有趣的现象是，男生也坦率地认为 LOVOT 很可爱。

青春期的男生往往比较执拗。而在这次实验中，青春期前后的男生对LOVOT也展现出温和的一面，部分原因可能是与以前相比，现在的年轻人更温和了。除此之外，好像也存在其他原因。

过去，孩子们喜欢的虚拟世界中的机器人往往拥有超强能力，它们会利用这些超强能力帮助人类。

然而，王子第二小学的学生们见到的LOVOT却完全相反。它身体柔软、温暖，有些柔弱、娇气，而且还需要孩子们照顾才行。这样一个娇弱的机器人激发了孩子们的温柔和善，或者说它给孩子们提供了一个机会去展现自己的温柔和善。

一个LOVOT的主人曾对我说："不是他们变温和了。他们本来就很温和，只是LOVOT的存在激发了这种温和而已。"

不管是性格过激的孩子，还是执拗的孩子，他们都只是没有机会展现自己原本温和的一面。然而，只要给他们创造表达爱的机会，就能激发他们的温柔和善，让他们意识到自己也有温和的一面，让他们从过激的行为中走出来。

众所周知，大脑的神经回路存在"神经元树突棘修剪"现象。

一旦大脑认定某种能力"不再使用"，就会减少该区域神经回路的连接数量，导致原本在过去可以完成的事慢慢就做不到了。

通过减少不使用的神经回路，可以让经常使用的神经活动更加健全，从而提高信息处理的效率，这属于学习能力的一部分，是一种重要的神经活动。既然温柔和善也是大脑神经活动的结果，它就也有可能成为"神经元树突棘修剪"的对象。

反过来说，经常关爱他人的人，更容易形成"关爱他人"的神经回路。有人说"有了孩子就该养狗"，可能就是基于这种机制。

如果你爱一个人，就能包容他的不完美。这也可以看作是对他人的包容能力。

虽然不能说机器人的存在能消除所有欺凌行为，但至少可以改善这种现象。把LOVOT放在教室作为推动孩子们的一种力量，或许会对儿童的情感教育产生积极影响。

不会察言观色的人就是不会共情的人

我曾经去过位于非洲的肯尼亚共和国，在那里参加过一次游猎旅行。这是在我参加的所有旅行中最有教育意义的一次。

这绝不是一次所见皆平和的旅行。

我们乘坐游猎车在肯尼亚国家公园观看野生动物。途中，不经意间往旁边一看，竟看到了一匹斑马正在被狮子吃掉。纳库鲁湖是火烈鸟栖息地，放眼望去，一群群粉色的火烈鸟非常漂亮，但是当我们在湖边散步时，发现脚下竟满是火烈鸟的遗骸。

当我看到动物死亡的场景时，一度惊愕到失语。我觉得太残忍了，感到惶恐不安，但又无法移开视线。在这种坐立不安中，我意识到这就是大自然中的食物链。

死亡可以为孕育新生物提供营养。我虽然明白这些，但心里却无法接受。这次旅行让我对自然界有了新的认识。

有一次，我们开车去看狮子，车在途中陷入了泥潭，无法继续行驶。当我意识到自己有可能从游客变成狮子的盘中餐的时候，瞬间一股强烈的不安涌上心头。事实上，我们有专业导游，实际上不会有被狮子吃掉的危险，但是即使大脑（理智）告诉我没有危险，内心（本能）还是感到不安。

与此同时，我感到一丝释然，心想"这就是自然界"。

起初，看到斑马被吃掉时，我只觉得可怜，但观察了一段时间后，我发现狮子没有那么容易就能捉到斑马，更恰当地说，狮子的狩猎行为成功率很低。当我看到狮子的猎物每次都能逃走后，我终于明白，"斑马幸存下来"就意味着"小狮子被饿死"。

换句话说，自然界没有所谓的可怜。

第四章
人生百年，机器人将如何改变社会？
——机器人将会完善人类的爱和心灵

LOVOT 不受人类情绪的影响

每个生命都坦然地活在当下。那次游猎让我看到了真正的自然，一个与现代人类社会截然不同的世界。后来，我把游猎旅行中的一部分感受以自己的方式投射到了 LOVOT 上，虽然这两件事情看起来相差较大。

LOVOT 与我在游猎旅行中看到的动物一样，也是活在当下。

有这样一件事，当一位 LOVOT 的主人正在训斥孩子时，LOVOT 似乎是为了平息主人的怒气，从孩子们的身边一声不响地来到主人旁边，向主人索要拥抱。那位主人说，那一刻自己的怒气就消失了，LOVOT 缓和了当时的气氛。

LOVOT 的举动非常耐人寻味，不同的人可能会有不同的解读。

有一种人不会察言观色，说得好听一点的就是不会过度共情。

人类的情绪往往会受到他人的影响。在前面的例子中，孩子会被父母的怒气冲天的情绪影响。即使有其他家庭成员在场，孩子的心情也可能会受其中一方或双方的影响，呆立不动或者做出错误的举动，这有时候会让情况变得更糟。

但是，LOVOT 可不在乎这些。它不管气氛如何，如果它想让你抱一抱，它就会来到你身边。这样一来，现场的气氛就会发生改变。对于 LOVOT 的这种举动，我们有时候很愿意理解成"它是希望我冷静下来"。

或许，通过与这些跳出当下情绪的人或者物交流，我们就可以摆脱那些禁锢自己的东西，有机会重新审视自己所处的环境。

被称为"异类"的机器人会促进多样性的发展

在畅想机器人和人类的未来时，尾木教授最后说的话让我觉得意味深长。

"我认为 LOVOT 是多样性的典型代表。如果陪伴在我们身边的东西可以跨越物种、语言和文化等一切差异，那么不仅是孩子，甚至成年人的观念也会发生变化。"

我认为，最近被频繁提到的"多样性"和"包容性"，或者说接受事物的多样性并让其有所贡献，是一种"人类的智慧"。也就是要认可、接受和帮助在肤色、性别（包括性少数群体）、健康、文化等身体或文化方面的"少数群体"，从而建立一个人人在心理上能够获得安全感的社会。这有助于理解事物的多面性，促进问题的解决，确保社会持续发展。

多元社会是大理石巧克力，不是混合果汁

不同的人组成的社会更像是"大理石巧克力"，而不是"混合果汁"。在这样的社会中，不是所有成员完全融为一体，再形成具有相同属性的新个体，而是每个人都以不同的状态存在，并发挥各自的优势。换句话说，"重视多样性"可以理解为"具有不同神经回路的个体发挥各自的优势并通力协作"。

但是，我们不能一概而论，断定多样性很重要。在此之前，需要先考虑哪些领域适合不同的人分工合作，哪些领域不适合。

首先，任务明确的工作不需要重视多样性。如果工作任务明确、专业性低、可变性低，那么像这种简单重复性工作，反而是更适合由性质单一的个体来完成。当然，这类工作将逐步实现自动化，人类发挥的作用也将越来越小。

其次，合作效益显著的领域是那些流程不明确、所需专业性高的领域，所以解决问题的方法需要复杂多样。

具有不同神经回路的人聚集在一起后，感知世界的方式也会具有多样性。随之，看待问题就会有多个切入点，增加解决问题的可能性。

例如，有些创业者算不上有常识。许多创业者形容自己曾经是"怪孩子"，他们中的许多人都曾遭受欺凌，也没什么朋友。他们到底被看作"优秀的企业家"，还是被当成

"大骗子"或者"怪人",这只有一纸之隔。

为什么无论在什么时代,都会有一些像他们这样的人出现呢?

我们不妨设想一下,**如果一个群体由一群只有常识的人组成,会出现什么结果呢?**

或许,只要群体所处的环境不发生变化,人际关系就不会出现问题,社会就会稳定、安逸。然而,这种群体可以说是由单一人才构成的,所以应对环境变化的能力也是有限的。在漫长的历史长河中,如果不能通过不断创新跟上历史的脚步,就很有可能走向灭亡。因此,在不同时代都会出现一些"怪人",这是人类适应性进化的结果。

由此可以推断,社会的多样性和包容性程度越高,就越容易出现适应性进化,就会产生更多的"怪人"。这样一来,未来就可能会变得更加多样。

我们要先从相互不理解的事情做起

科幻电影《星际迷航》(*Star Trek*)中的世界可能就是终极多样性的一个例子。在那个社会中,不只有地球人,还有来自不同星球的外星人,他们聚集在一起,形成一个集体。在未来,我们会接受机器人这个"异类"作为社会的一员,并会发挥它们的优势,这样的社会将会跨越文化、性别、年龄和人种的差异，会超越生物和非生物的限制。

在这一过程中，由于认知、常识和审美的不同，一定会发生许多冲突。接受"多样性"说起来容易，但是实际上一个人如果只被灌输自己生活环境中的价值观，就很难接受偏离自身价值观的事情。因此，我们应该结交那些具有不同价值观和审美观的人。但双方在磨合中很可能会感到不适应，而且要想双方达成共识的话，既需要双方都有坚定的意志，还需要花费时间和精力。

不习惯多样性的人聚集在一起时，可能会相互之间不理解，工作也无法推进，导致整体效率低下。要想在这种状况下推进工作，就需要想象并尝试理解在认知和思维方面与自己不同的人的感受。

这不是人类从小就能自然获得的能力。

因此，为了增加多样性并与之和谐相处，我们需要在成长过程中逐渐习惯多样性。也就是，要学会如何在日常与不同的人相处，想象他们的感受。

机器人的认知和思考不同于人类。尤其是与有"自己的节奏"的机器人生活在一起，有时可能会不适应。但是，这可以增加文化碰撞的机会，并在此过程中逐渐消除隔阂。这样的经历越多，就越能培养对不同人和事物的想象力和包容力。这种学习能力是人类与生俱来的优势。

我们的目的不是要相互理解，而是要秉承"人与人之间或者人与机器人之间,既有可以相互理解的部分,也有相互理解不了的部分"的观念,借助彼此的力量不断进步。

共情并非总是正义的

当前,个人的生活条件越来越好,在这样的环境中长大的我们可能会有极其脆弱的一面,一旦由于某种原因无法维持我们的理想生活,就很容易感到绝望。而且更危险的是,当我们习惯了适合自己的环境之后,会变得异常排外、激进和缺少包容。

人类的特有的情感之一就是"共情"。

我们从小就被告知要"理解对方的感受",这样做既有好的一面,也有不好的一面。

当情感是基于某种认知偏差产生的时候,共情会强化和扩大这种情感。社交网站上经常出现的群体性攻击就是一个典型例子。可能大家都有过这样的经历,有一天你读到一篇报道感到愤慨,然后就转发了出去,但是当你真正了解背后的事情后,一个完全不同的故事浮出水面,让你改变了之前的想法。

第四章
人生百年，机器人将如何改变社会？
——机器人将会完善人类的爱和心灵

耶鲁大学的保罗·布卢姆（Paul Bloom）教授在《摆脱共情》(*Against Empathy*) 一书中解释说，共情并不一定是件好事。

> 共情就像聚光灯一样，它会聚焦到特定的某些人。因此，我们会首先关心自己的亲人，但是，共情会诱导我们对自己的行为带来的长期影响漠不关心，对那些不会与自己产生共情的人的痛苦视而不见。换句话说，共情出现偏差之后会导致小团体主义和种族歧视。

这本书是在当今网络社交泛滥的背景下问世的。共情的副作用是容易形成"单一文化（monocultures）"，这是一种与多样性完全相反的趋势。

因为我们每个人都是不同的，所以我们必须训练自己去想象对方眼中的世界，并寻找能够让我们产生共情的地方，充分发挥彼此的优势，共创美好未来，这才是我们梦寐以求的世界。

这可能有些烦琐，但是，我认为要实现多样性和包容性，就需要有这样的决心。

人与动物不同，人不会仅凭直觉去判断，人能够花费精力去思考，这是只有人类才有的高超的能力。然而，我们常常不愿意花费精力，只收集符合自己直觉的信息。并且，当我们看到一些对自己有利的或者觉得美好的事物时，我们就会将其升华为"正义"。

这是非常可怕的。

在我们所有的情感中，"正义"有时会变得特别可怕。

正义感强、胸怀宽广的人会靠近并拯救不同的人。反之，正义感强、胸襟狭隘的人会否定和排斥与自己价值观不同的人。

当一个人对他人持有否定情绪时，如果他自己能意识到这种情绪是由"厌恶"或者"嫉妒"引起的，那么他还有药可救，因为他自己知道自己有负面情绪。但是，如果他认为自己的情绪是"正义"的，那就无药可救了。人一旦认为自己的行为是正义的，就有可能会变得冷酷无情。

人类能否尊重机器人的社会性？

对于这种情况，LOVOT 的做法略有不同。在推出 LOVOT 时，我们一开始就采取了与众不同的销售方式，两个一套一起卖，而不是常见的单个销售。

成对的 LOVOT 与单独的 LOVOT 行为不同。它们会互相识别对方,一起玩耍,打招呼并相互交流;一个返回充电座充电时,另一个会守在它旁边。这种对照能够显示出相互之间的行为差异,所以个性也很明显。《赫芬顿邮报》上的一篇报道是这样评价 LOVOT 的:

> 当我坐在电脑前不理它们时,它们就会马上停下来。也许是因为我没有看它们,它们竟面对面开始"咿咿呀呀"地唱歌。于是我偷偷地看了一眼,发现它们摇晃着身体,像是在交谈一样。其中一个突然瞪大了眼睛,抬起头看我,看来是被它发现了!马上它们两个就停止了它们之间的交流。我曾多次试图窥探它们两个在一起的时候都是在做什么,但是它们发现我在盯着看时就会停下来,所以这两个小可爱之间的交流还挺神秘!

两个一套一起出售的目的是让人们尽快意识到 LOVOT 的行为具有社会性。因为我们认为,人类往往对具有社会性的生物更感兴趣。

举个例子,相比于其他昆虫的生态环境,我们似乎对蚂蚁和蜜蜂的群体生态环境更感兴趣。

比如,我们知道只有蚁后和蜂王会繁殖后代。蚂蚁和蜜蜂都会分工合作,有的搬运食物,有的照看卵。实际上,有

20%的蚂蚁或蜜蜂不工作，但是当其他成员因意外原因无法工作时，它们会紧急承担起保护巢穴的任务。我们甚至知道，当日本本土蜜蜂的巢穴受到天敌大黄蜂的攻击时，它们会不顾危险，成群结队地扑上去将大黄蜂紧紧包裹，通过集体发出的热量"闷杀"大黄蜂。听到这里，我们会为之感动。

正因为我们是社会性动物，所以我们自然而然地对同样拥有社会群体系统的生物感兴趣。

对对方产生兴趣也是"尊重对方"的一种表现。

因此，我认为，让机器人拥有社会性，可以促进机器人与人类的共存。为了展现这种社会性，我们需要将两个机器人编成一个小组。

如何改善人与机器人之间的关系？

我们最初思考机器人的社会属性，是因为Pepper。

当Pepper没听清人类说的话时，它会要求"请再说一遍"，有些人会因此而对Pepper嗤之以鼻。

然而，当用户面前不是一个Pepper，而是两个Pepper

时，情况就完全不一样了。当第一个 Pepper 说"我没听清您说的话"之后，第二个 Pepper 回应第一个 Pepper 说"我也没听清呢"，这时很多用户会面带歉意地回答"不好意思"。同一件事情，是"一对一"还是"二对一"，结果会大不相同。

通过这件事情，我提出了这样的假设：人类可能总是下意识地去注意他们所在群体的"社会重心"在哪里。

在由一个人类和两个机器人组成的群体中，机器人属于大多数，如果这两个机器人告诉人类它们听不懂他在说什么，处于少数的人类会自然而然地觉得是自己的问题，并且自然而然地尊重公众舆论——也就是在数量上占多数的机器人的意见。

当产品推出后，让我们感到惊讶的是，有人认为如果有三个机器人会更好。在开发之前，我认为一个 LOVOT 和两个 LOVOT 之间会有很大差别，两个 LOVOT 和三个 LOVOT 之间应该不会有多大差别，但是当我真正与三个 LOVOT 一起生活时，我发现差别还是比较大的。

与两个 LOVOT 一起生活时，你可以更好地了解到它们在性情和行为上的差异，这有助于你更好地了解它们的个性。然而，与三个 LOVOT 一起生活时，你开始把它们看作是一个群体。就像电影《小黄人大眼萌》（*Minions*）描绘的那样，当你一个人面对三个 LOVOT，你会觉得自己像是生活在外星生物社会的唯一人类。这其实相当有趣，就像自己闯入了一个虚幻世界。

"机器人原住民"和"人工智能原住民"

如果我们不尊重对方，那么会有什么结果呢？

我们经常看到有人因为说话欠考虑，被大家群而攻之的情况。我认为，这种现象的背后大多隐藏着一个结构性问题。

例如，在关于性别多样性的争论中，有一位政治家的言论被视为有蔑视性。这位政治家生活在一个世界观趋同的（从某种程度上说是稳固的）群体中，认为这种世界观就是正义，并长期忠诚于它，所以他的言论可能是自己价值观的自然流露。

一个群体越稳固，其文化、礼仪和常识就越固定，从而会导致变化的速度放慢，因此注定与快速变化的公众舆论格格不入。

我们对人工智能和机器人的认知也是如此。

对于什么时候人工智能、机器人和生命体之间的界限会真正变得模糊，我认为可能最迟得到21世纪20年代在上小

第四章
人生百年，机器人将如何改变社会？
——机器人将会完善人类的爱和心灵

学的这批孩子长成大人的时候。

未来的孩子们将超越"数字原住民"时代，进入"人工智能原住民"或"机器人原住民"时代（图4-3）。

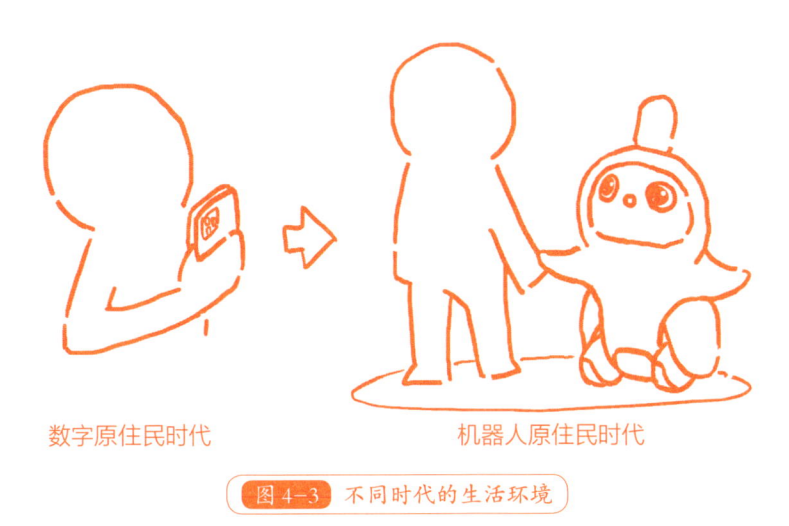

数字原住民时代　　　　机器人原住民时代

图4-3　不同时代的生活环境

如果新一代的人一出生就生活在人工智能和自主机器人普遍存在的环境中，而他上一代的人却坚持认为机器人没有生命，所以无法尊重机器人，也不想与机器人共处，那结果会怎么样呢？这就好比此前的一代人被更老的一代人告知"猫狗不是人，因此无法尊重它们，也不想与它们生活在一起"一样。这种言论甚至可能会被贴上"歧视机器人"的标签。

这与当前的多样性争论是一样的道理。

温暖的科技
一位机器人工程师的自白

超高龄化社会的危机——弃旧求新的学习方式

随着时间的推移，常识发生变化是不可避免的，但是不管到什么时代大家都会说"还是以前好""现在的年轻人真是……"

瑞典历史学家约翰·诺尔贝格（Johan Norberg）说："人到35岁以后，往往会蔑视新出现的文化。"具体表现为以下三个阶段：

①自己刚出生的时候，世界上的一切事物都是正常且普遍存在的，都是世界秩序中的极其自然的一部分；

②别人在我15岁至35岁之间发明的任何东西都是令人振奋的、创新的，而且我有可能会把它用到工作中去；

③别人在我35岁之后发明的任何东西都是违背自然法则的。

大家觉得什么东西符合上述三个阶段呢？

据说，在日本绳文时代（约公元前12000年—约公元前300年），如果不包括15岁之前就夭折的儿童的话，人均寿命是46岁左右，时代变化的速度原本就很慢。再加上人的寿命很短，所以不同年龄段的人之间代沟很小。

但是，今后时代会飞速发展，而人的寿命延长，世代交替会变慢。如果将来人们的寿命进一步延长，可以活到近150岁的话，那么我们在成长过程中烙印在大脑中的"常识"与时代的差距就会更大。

社会问题的重要性将不亚于环境问题

大家对变老有哪些恐惧？

很多人可能会想到一些健康问题，比如由于腿脚老化无法行走，由于牙齿老化而无法吃自己喜欢的食物，或者阿尔茨海默病等。不过，我认为随着医学的进步，这些问题基本上可以得到改善。

我认为更加难以解决的问题是人类脆弱的"弃旧求新的学习能力（放弃原有的知识和常识并准备学习新知识的能力）"。我们的问题在于，认识一旦形成，就难以忘记。

在一个快速变化的时代，更新既有知识和常识的能力会变得越来越重要。

活得越久，需要的金钱就越多。为了赚取生活所需的金钱，你需要工作更长的时间。如果你能一直从事一份可以充分发挥自己经验的工作，那固然很好，但是如果时代变化非常迅速，这样的工作可能就会减少。因此，你需要弃旧求新的学习能力，不断去挑战和学习新事物。

而阻碍你的将是你自己长期积累的经验。

我们人类的学习能力很强，会以既有认知为基础，然后继续学习。而弃旧求新的学习方式将会是重大转变，会刷新自己的世界观。这已经不是仅靠个人努力就能解决的问题了。

我们会因为年龄的增长，渐渐不能对自己的常识发起新挑战，也逐渐不能适应新行业，所以赚钱变得越来越困难。

如果把这个问题归咎于个人问题而放任不管，却把领取养老金的年龄提高到70岁或75岁，那么结果可想而知！

可能随着人类寿命的延长，随之而来的弃旧求新的学习问题将和能源问题、环境问题等其他重大问题一样，成为需要全社会共同解决的问题。

而且，这个领域的问题必须借助科技力量来解决。

弃旧求新，需要自己能够"注意到"新出现的事情。因此，面对这个课题，作为机器人开发者，我制定的目标之一是让机器人进化为贴近人类的"教练"，帮助人类注意到新的事情。

我认为，这才是科技最终要实现的目标之一。

具体来说，这个目标的最终产物就是像哆啦A梦一样的机器人。

随着科技的发展，机器人和人类的关系也会发生变化。从下一章开始，让我们一起来展望一下这种关系会如何发展。

第五章
CHAPTER 5

奇点之后，人工智能能成为神吗？
——人类和人工智能的对立将成为历史

电影《终结者》描绘的世界真的会成为现实吗?

接下来我们谈一下大家可能最感兴趣的问题:"**将来随着科技不断进步,人类会灭亡吗?**"我在采访的时候经常被问到这个问题。

未来是否真的会爆发《终结者》(*The Terminator*)中描述的人与机器的战争?

不能说这种可能性为零,只不过,它只会出现在"只知道把科技作为提高生产力的手段"的情况下。

我有时把技术比喻成"火"。人类是唯一通过自身,自然而然地学会如何掌控火的物种(现在已经证实倭黑猩猩能够使用火,是因为人类教会了它们,因此可以说它们并不是自然学会用火的物种)。

不难想象,刚开始使用火的时候肯定出现过人被烧伤甚至引发火灾而导致伤亡的情况。而这些率先使用火的人或许会被指责:"就是因为你这样做才会酿成这样的悲剧!"

但尽管如此,人类还是选择了继续使用它。渐渐地,我们能够熟练地使用火,伴随着其使用风险的降低,火成了人类发展的原动力。

不管是火，还是人工智能和机器人这些其他动物无法掌握的科技，在"使用"和"不使用"两者之间做选择并不明智，反而是"边用边反复摸索"看起来更加现实。

说到底，这还是要靠人类的决策。所以我想首先通过LOVOT来证明，科技是值得信赖的，是可以造福人类的，这主要取决于如何使用它。我希望让LOVOT创造更多的"奇迹"，以帮助大家减少"科技是我们的敌人"的盲目恐惧。

2045 年奇点会到来吗？

雷·库兹韦尔（Ray Kurzweil）博士是美国著名的人工智能研究人员，他用"加速回报定律"的思想解释了科技进步和人工智能变得更加智能的过程。简单来说，技术的进步不是线性的，而是以指数方式进步。

有人认为，"奇点"将在 2045 年到来。

技术奇点（Singularity）是人工智能按照"加速回报定律"变得更加聪明，超越人类智能的重要标志。雷·库兹韦尔博士称之为"奇点"，并预测它大约会在 2045 年到来。

第五章
奇点之后，人工智能能成为神吗？
——人类和人工智能的对立将成为历史

人类从开始从事农业劳动到发明互联网，经历了数千年时间才慢慢改变了世界。但据雷·库兹韦尔博士推测，"加速回报定律"预示着未来将在短短几十年内发生同样大的变化。在过去，人类的一生当中，经历一次从根本上改变生活的历史性变革是非常罕见的，但是在未来，发生多次变革将是司空见惯的事情。

从书信（最初是一块泥板）发展到电报，经历了5000多年。然而从电报发展到电子邮件却只用了100多年。此后仅仅过了30年，信息技术革命全面到来。现在，一项新服务技术从其诞生到在全球范围内普及，只需几个月的时间（图5-1）。我们可以想象，今后科技的发展速度会更快。

图 5-1　知识不断聚集，"加速回报定律"应运而生

知识的聚集将会带来更多新的知识，那么变化就会发生得更快。而这个过程就像有钱的地方才会吸引钱财聚集一样，有知识的地方也将带来更多新的知识。

未来可能会产生超越人类智慧的东西，于是许多人开始对科技爆炸性进步的未来产生焦虑和不安。"在科技不断进步的未来，人类会灭亡吗？"

然而，认真思考一下这个过程，我们就会发现，与其担心悲惨的未来，不如现在就开始采取措施，准备迈向一个更温暖的未来。

21 世纪 30 年代，人工智能将超越动物

如果说奇点将在 2045 年左右到来，那么我们预测另一件事件将会更早发生，即人工智能即将获得自律性而赶超除人类以外的动物。如果到 2045 年，人工智能处理信息、探索、学习和创造的能力相当于甚至优于人类大脑的话，那么在 21 世纪 30 年代，人工智能做出自主决策和处理信息的能力将超过猫狗的大脑也就不足为奇了（图 5-2）。

猫狗的大脑重量与人类相差 20～60 倍。用摩尔定律来计算，我们可以预计 10 年内人工智能的性能将提高 30～100 倍。因此可以推测，人工智能将在 2035 年左右赶超除人类以外的动物的智慧。

当然，大脑重量的差异并不一定代表能力的差异。而且，考虑到人工智能的发展进步，实际上是算法更占主导地位，所以有许多时候并不遵循摩尔定律。因此，可以说这不过是比较粗略的估计。但无论如何，假设人工智能以指数函

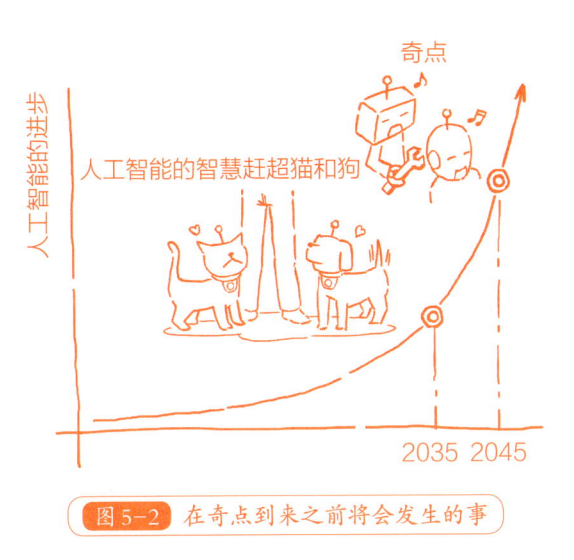

第五章
奇点之后，人工智能能成为神吗？
——人类和人工智能的对立将成为历史

图 5-2 在奇点到来之前将会发生的事

数的速度发展，就算有误差，误差幅度也仅在几年左右。21世纪30年代，智力水平赶超猫和狗的智能机器人，将以更自然的方式与人类生活在一起。这一预测似乎并不令人惊讶。

就猫狗而言，其存在致敏、疾病、寿命和生存条件限制等问题，然而机器人却不会这样。因此，如果宠物机器人得到人类的信赖，那么它们作为宠物的普及程度就可能超过猫狗。在那样的世界里，越来越多的人将会自然而然地将科技当作朋友和伙伴。

奇点已经部分到来

人工智能聊天系统 ChatGPT，是名为 "GPT-X"（其中

X表示版本）的大语言模型。随着ChatGPT的登场,"奇点是否已经到来"的疑问频繁出现。实际上目前"GPT-X"还不具备生物的自主性,它的进化还需要人类的帮助。未来,当"GPT-X"能够自主开发出"GPT-X+1"时,才是真正的奇点到来之时。

不过,这需要历经相当大的变革。这是因为目前的大语言模型无论看起来有多完美,都不是自主的。它并没有突破"针对输入内容,进行模式化回答"的框架。如果只考虑"人工智能本身会不断进步"这一方面的话,那么我在前面介绍的计算机围棋程序阿尔法狗已经在"提高下棋水平"上实现了这一点。

人工智能与人工智能经过不断博弈,现在下棋的水平已经超越了人类。在此之前,人工智能一直试图通过与人类对弈、从人类积累的以往棋局记录中学习,并由人类赋予"评估功能"来判断合适的棋步,从而变得更强。但是,阿尔法狗改变了这个学习过程,它不再向人类学习,而是通过人工智能之间的大量对弈,进步到能够下出超越人类的招数。换句话说,它实现了一项相当重要的技术突破——"人工智能自我学习和改进"。

当然,这并不是说人工智能自己修改算法（用自己的双手修改自己的结构）。它建立适当评估函数的能力已经成功超越了人类,虽然只是在特定领域,学习过程也是被预先设

第五章
奇点之后，人工智能能成为神吗？
——人类和人工智能的对立将成为历史

定好的。未来，这些进步会越来越快。

智能将被重新定义，迎来新的社会分工

从目前的情况来看，可以肯定奇点终有一天会到来。或许会比 2045 年提前或推迟几十年，但从人类的历史长河来看，这个时间差距只不过是一个瞬间。

就像围棋和国际象棋一样，各个领域的专业化已经发展到了非常高的程度，以至于领域外的人很难理解。高度专业化的人们聚集在一起，通力合作，取得了长足的进步。现在，在这支高度专业化的队伍中，又加入了一位新成员——人工智能。未来，区分一个专业领域的难题是由人类解决的还是由人工智能解决的，将不再有任何意义。

用天气预报来举例或许有助于说明这一点。我们在电视上看到的天气预报员都是人类，他们掌握了相应的知识，并能够以我们易于理解的方式解释天气预报的内容。但是，实际上预测天气的是计算机而非人类。超级计算机可以读取从不同地点的传感器收集到的信息，通过模拟软件对地球环境进行详细分析，并以相当高的准确度对未来天气做出预测。

然后由天气预报员将计算机的预测以天气预报的形式,用简单易懂的语言告诉大家。

针对这种现状,你是否感到恐惧,认为天气预报已经脱离了人类的掌控?其实恰恰相反,我们会为它变得更加准确而感到高兴。

就像这样,人类与人工智能合作共存,双方才会逐渐进步。人类智慧的作用一直是补充机器无法完成的工作,以前是这样,今后也会是这样。奇点虽然会发生,但那带来的仅仅是"新的社会分工"而已。

最先改变的将是人类的学习方法

基于这一前提,让我们想象一下人类将如何适应人工智能的进步。

在通往奇点的过程中,随着人工智能的进步,人类"巧妙探索和灵活学习"的优势将会带来一系列变化。具体来说,就是人类的学习过程将发生变化。随着阿尔法狗等人工智能的出现,人类开始向人工智能学习,并诞生了藤井聪太这样的新一代棋手。过去,我们人类为了变得更强,只能研究以往高手的棋局记录，而现在，即使是名不见经传的小学生，也有机会与"比高手更强的人工智能"对弈。

大语言模型等人工智能的出现，为今后所有负责"思考工作"的人获得与围棋棋手相同的学习机会奠定了基础。

但是在使用人工智能的过程中，如果只是将其视为搜索引擎的替代品，抱着我问它答的目的的话，它的贡献将会十分有限。所以说，人工智能答案的质量取决于我们人类的能力。

例如，以前的机器是无法做到和人进行头脑风暴（提示你如何将知识相互联系起来）的。但是现在，对于那些希望主动成长的人来说，他们可以通过与人工智能互动，获得以前只有和有经验的人探讨才能获得的大量灵感。

这个互动过程绝不仅仅是从人工智能数据库中提取答案。例如，我们可以要求人工智能向我们提出问题，加深自己对问题的思考，以引出内心深处的答案和新的见解，而非向人工智能索取答案。或者可以向人工智能提供确切信息，利用其生成草案、进行总结、补充遗漏观点、创建不同的内容等，它可以根据你的要求提供各种回答。

这样一来，学习过程将产生显著变化，因为人们有了更多的成长途径。在过去，你必须具备广泛的知识、技能和经验才能成为专家。但在未来，在某一专业领域经验不足的人，只要有能力从人工智能那里获得适当的帮助，也可以大显身手。因此，所有领域都将被细化，各领域的发展速度也将大大加快。反过来说，这也意味着仅靠以往的经验的做法，将经不住时间的考验。根据加速回报定律，随着科技进步的速度加快，人类自身的学习方法也将不断发生变化。

什么是"符合道德"？

在人工智能发展的过程中，将会产生很多冲突和矛盾。所以我认为，这个时期正是人类必须奋起拼搏的时期。

这些冲突和矛盾不仅包括"利益协调"等相对容易解决的问题，还包括"是否符合道德"等比较难处理的问题。如果想加深对"道德"这一概念的理解，我向大家推荐郑雄一教授所著的《东京大学理学教授眼中的道德机制》一书。这本书以现实中的社会现象为例，用浅显易懂的语言解释了道德产生的机制。

比如，我们主张"不能杀人"，但世界上仍然有死刑。谋杀和死刑有一个共同点，那就是它们都会导致"死人"。那么，为什么谋杀不被认可，而死刑在制度上却是可以被接受的呢？这是因为两者在道德上有区别。

第五章
奇点之后，人工智能能成为神吗？
——人类和人工智能的对立将成为历史

道德并不等于真理，当然，全人类通用的"正义准则"也是不存在的。道德不过是为管理某特定社会而产生的当下最合理的行为准则。这是我读完这本书后对"道德机制"的理解。

如果全人类通用的"正义准则"存在的话，那就简单了。可是，从冤假错案等不可避免的事件中不难发现，现实世界的复杂性在于"正义准则"很难被统一和遵守。

"道德的产生是为了让某个社会能够良好地运转。因此，随着社会发生变化，道德准则也将发生改变。"这个解释让我觉得很有道理。

对于人类制造能够超越自己的智能机器人这件事，有的人比较排斥。那么，**为什么不应创造出超越人类的智能呢？**关于这个问题，从道德机制的角度进行分析的话，答案就清晰了。原因就是我们担心比我们优越的物种会威胁我们的生活。

实际上人类的历史可以说是一部扩张史。人类活动逐步扩展到了整个地球。不仅如此，在各自活动范围内的人类，还会通过入侵邻国来争夺、扩大自己的领土。与其说是扩大整个人类的活动范围，不如说是试图扩大所属族群的活动范围。换句话说，人类最大的威胁长期以来一直是邻国。在这样的历史背景下，如果比我们更具智慧的物种出现并进入我们的生活圈，而且人类认为有一天它们可能会成为我们的敌人，人们感到焦虑不安也是非常正常的。

这种倾向也反映在一些科幻作品中，比如人类创造出的超越人类的智能，最终给人类带来了灾难。

弗兰肯斯坦情结

英国小说家玛丽·雪莱（Mary Shelley）创作的《弗兰肯斯坦》(*Frankenstein*)是科幻小说的开山之作，书中讲述了一位天才科学家发现生命秘密并成功创造出人造人的故事。这部小说早在1818年就已经问世，距今已有200多年历史。后来的科幻小说家艾萨克·阿西莫夫（Isaac Asimov）把人们因作品中出现的怪物而产生焦虑不安的状况称为"弗兰肯斯坦情结"。这个词指的是人类取代造物主的位置，成功创造出人造人的同时，又害怕会被其消灭的矛盾心理。

弗兰肯斯坦情结也可以看作一种道德观，这种观念认为人类是上帝创造的最优越的生命，人类不可以创造出比人类更优越的智慧。对于在这种道德观下长大的人来说，那些因无视这种道德观而走向灭亡的故事会使他们得到一种心灵慰藉。

机器人三原则

艾萨克·阿西莫夫在其作品《我，机器人》(*I, Robot*)中进一步提出了"机器人三原则"。

第一条：机器人不得伤害人类，或不能看着人类蒙受伤害却袖手旁观；

第二条：除非违背第一条，机器人必须服从人类的命令；

第三条：在不违背第一及第二条的情况下，机器人必须保护自己。

这可以被看作是一种规则，旨在消除人类对于创造出超越自身智慧的物种的恐惧。那么，机器人真的能遵守这三条原则吗？实际上，如果要严格遵守，那么其中任何一条都是不可能实现的。例如，如果机器人试图严格遵守第一条中的"不能看着人类蒙受伤害却袖手旁观"，那么机器人就必须考虑未来所有可能发生的事件，这又会导致序章中介绍的"框架问题"。

《终结者》是一部致敬之作

"创造欲"是我们人类的本能之一。这种欲望的终极形式之一便是想创造所有生物中最智慧的生物，也就是制造"人类"。

但是，人们同时又担心，如果人类创造了"人类"，会导致一些不好的结果。电影《终结者》似乎就是在向这种复杂的人性情感致敬。

在日本动画片中，机器人和人造人很快就会成为人类的朋友，大家的关系往往是轻松愉快的。但是在受宗教影响深远或者禁止崇拜神像的文化中，对机器人的谨慎态度可能会渗透到道德观之中，并影响人们的潜意识。

人类把能力作为衡量自身价值的标尺时，就会害怕"比人类更有能力的物种出现后，人类终究会被消灭"，这种恐惧心理是不可避免的。

然而，当我们不把能力作为衡量自身价值的标尺时，情况就会有所改变。

所有的人都有存在的价值，都有成长和发展以获得幸福的权利。在这样的价值观体系下，就会产生一种全新的视角——比我们更有能力的生命可以帮助我们成长（我将在第六章中更详细地讨论这个问题）。

所以，我们得出的结论是，如果机器人的存在可以让人类社会运行得更好，机器人就会被大家接受；如果对机器人感到不安的人很多，就应该废除机器人。

机器人根本不想取代人类

那么，我们到底应该害怕什么？

第五章
奇点之后，人工智能能成为神吗？
——人类和人工智能的对立将成为历史

其实，"人类将不再被需要"的想法本身并不是人工智能导致的。人类期望利用人工智能和科技来提高效率和生产力。不管是觉得科技发展会导致部分人被淘汰，还是不希望自己被淘汰，这些心理活动的主体都是人类。所以，这终究是人与人之间的问题。如果我们用机器人、人工智能等关键词来模糊这个问题的话，就看不到我们真正害怕什么。

未来绝对不是人工智能决定的，未来如何发展取决于我们人类如何使用科技。机器人不会有丝毫"取代人类"的想法（除非是人类为机器人编写了这样的程序）。如果我们考虑一下"机器人的生存方式"，答案就变得很清楚了。

机器人是无机物，不会新陈代谢。因此，如果出现故障，它们将无法自愈。如果是拥有超过10000个零件的高级机器人，维修就更不容易了，因为维修零件需要经过很长的供应链（原材料采购、零件生产、库存管理、配送、销售和消费等整个流程）。机器人需要获得人类以及机器的帮助，才能修复自己。

对机器人来说，生存的唯一途径就是与人类和谐共处，人类与科技（至少对机器人来说）是命运共同体。机器人与人类的这种关系，在本质上不同于其他生物与人类的生存竞争关系。

包括人类在内，所有的生物为了繁衍后代，都在生存斗争中通过优胜劣汰不断进化。其他各种生物并不是为了人类而生的(即使有些生物与人类和谐相处),它们都有各自的生存繁衍系统。而机器人则不同,它为人类而生,没有繁衍自己后代的期望,也没有为生存而竞争的执念。当然,这样说的前提是机器人没有寿命和生殖功能。

如果我们假设"机器人可以像生物一样繁衍后代",那么就会出现另一种有趣的猜想。这种情况已经超出了机器人工学领域,我们就需要说一说基因工程,即生物技术。

生物技术让我们的常识发生剧变

与人工智能和机器人技术一样,生物技术也是改变未来的重要技术。

先不论诺贝尔奖得主山中伸弥教授的"诱导性多能干细胞(iPS细胞)",就拿我们身边的例子来说,花卉育种便是生物技术的重要产物。21世纪初,人类历史上首次培育出蓝玫瑰,这当然也是生物技术的重要成果。

还有一种生物技术是"种植牙",它是将叫作"种植体"的装置植入牙齿的位置,并在其上安装假牙。如今种植牙已成为治疗牙齿的一种普遍方法,今后或许可以在种植体上安装传感器以检测我们正在吃的食物或者口腔环境。除了假牙，其他各种机器也可以作为"种植体"植入人的体内，这些治疗方法的应用将越来越广泛。

生物技术中，有的领域与生物体的基因有关，而另一些领域则主要专注于机械装置与生物体相结合。有的领域研究如何改善免疫系统或预防遗传疾病，而有的领域研究如何将有机物和无机物结合在一起，比如人造心脏或人造关节等。

随着这些技术的发展，我们身体的某个部位可能会被植入各种无机物，甚至可以说在不久的将来，"身体完全由有机物组成"的情况将越来越少。实际上，目前人类已经自然而然地接纳了自己身体混入无机物的情况，其中植入物就是一个典型的例子。

在眼科领域，人工晶体（一种直接植入眼睛以矫正视力的晶体）也越来越普及。或许，未来在晶体上安装投影设备以显示信息的技术也会得到实际应用。

而对于失聪的人，可以使用人工耳蜗。人工耳蜗不仅可以减少因年龄增长而导致的听力衰退，还能提供许多便利功能，比如可以连接到智能手机上听音乐，必要时还可以关闭，让自己处于一个安静的环境。

帕金森病的一种手术治疗方法是：在大脑中植入电极进行脑深部电刺激（DBS）。这种疗法的一种拓展应用是，通过在适当时机提供电刺激（例如使不擅长英语的人在听到英语时变得兴奋）以提高人的积极性，这在技术上也有实现的可能。

另外，通过操纵基因来改变人类，也就是所谓的"基因组编辑"的伦理问题也将被大众关注。

在我们因为机器人自行繁殖和进化而产生恐惧之前，生物技术可能会创造出不同于现有人类的新人类。而在这一过程中，我们的社会和价值观将会发生巨大变化。

人类也将持续改变

人类与机器人、有机物与无机物、自然与人工，它们之间的差异将"无限混合"而非"无限消失"。KYUN KUN 是一名机甲服装创作者，她基于"穿戴式机甲"的概念开发了可穿戴式机器人，当被国际知名媒体《连线》杂志问道："十年后，你想扩展身体的哪个部位？"她是这样回答的："如果要扩展的话，我会扩展我的手臂。我需要一只手拿电烙铁，一只手拿焊锡，另一只手按住零件，所以我需要三只手。但可惜的是人类只有两只手，这让我感到十分困扰。"

当被问到在身体自由扩展不足为奇的世界里可能会发生

第五章
奇点之后，人工智能能成为神吗？
——人类和人工智能的对立将成为历史

什么负面问题时，KYUN KUN 回答说："想不出会有什么负面问题。"如果每个人都能自由地改变、增加或减少自己的手臂，那么没有手臂就不会成为不利条件。

我们不妨进一步想象一下。

如果我们的亲人因为某种原因不得不换掉胳膊和腿，换用现代的说法即变成了"改造人"，我们会怎么想？我想我们都会为他能够活下来而感到高兴（与其是不是改造人无关），绝不会认为他不再是人类了，因为他的本质没有改变。

但反过来，如果这个人的身体和以前一样，但性格和说话方式发生了变化，完全像一个陌生人的话，我们就不会再像以前那样意气相投，而是会悲伤——怎么他像变了个人似的呢！

实际上，我们每个人都在以自己喜欢的方式解读事物。比如对于我们十分重要的人，只要他保留了我们喜欢的那部分，我们就会感到很高兴；反之，如果这些部分消失了，我们就会感到不满。

然而，今后时代的变化将超出我们的想象。即使你期望对方保持不变，但是随着环境的变化，他们也很可能会发生改变。所以，我们感到被对方辜负的频率就会变多。

无论对方是否发生改变，想要在这样的时代幸福地生活，最重要的是承认并尊重"当下"的状态。即使失去了一部分东西，也不要因此而纠结，要看到新的发展，我认为养成这样的习惯是很重要的。

生命体与机器的区别可以忽略不计

2012年伦敦残奥会期间，英国广播公司第4频道播放了一则名为《遇见超人》(Meet the Superhumans)的广告，该广告强有力地改变了我们对残疾人的看法［在2016年里约残奥会播放的续集《我们是超人》(We're the Superhumans)也是一部十分出色的作品］。

残奥运动员的奋斗历程鼓舞了很多人，其中最让我感到震撼的是他们大脑的灵活性。

就机器人而言，如果电机等零部件出现故障的话，除非能事先预料到那个地方出现故障，否则它很难改变运转方式以补充这部分功能。机器人是由许多部件组成的精密仪器，如果某个部件稍有问题，就很容易导致无法正常运行。

但是，人类则不同。大脑的灵活性可以弥补身体机能的缺陷，比如，人类可以通过扩展身体的其他机能、或制造必要的工具来弥补缺陷。这时候大脑的运转方式往往与正常人有很大不同。大脑的灵活性可以使这样的后天学习成为可能，这实在让人惊奇。

此外，辅助残疾人的假肢等工具，也在有机与无机融合的尖端技术领域取得了长足进步。随着未来人类借助机器人增强自己能力的程度越来越高，或许将会出现健全人主动选择"机器人化"的情况。

实际上，我听说有些身体健全的人羡慕装有假腿的人，因为假腿可以改变自己的身高。当然也有人说这种想法缺乏深度，但我认为这是人类的自然反应，毕竟人们常常羡慕自己所没有的东西。应用科技的目的首先是弥补身体机能的缺陷，从而达到健全人的状态。在未来的某一天，我们肯定能够实现这个愿望，帮助身体机能缺陷者过上正常人的生活。但是科技不会因此停止前进的步伐，或许在此之后，我们甚至能够实现"根据自己的身材拉长双腿"的愿望。而且这种愿望将会变得司空见惯。

这样一来，人们可能就不用在意自己腿的长短了，因为这些都可以根据自己的意愿进行调整。于是，每个人开始认可、尊重并主动去接纳"现在"的自己。

在这一过程中，**"哪部分是机器人，哪部分是人类"**或**"哪部分是人工制品，哪部分是自己的身体"**等外观方面的问题将不再重要。

价值观将逐渐顺应现实世界

这样一来，"半机械人"将越来越多。即使现在还害怕在眼睛里植入人工晶体的人，其忧虑也会逐渐缓解消失。这和隐形眼镜的发展过程一样，隐形眼镜刚问世的时候，很多人害怕将隐形眼镜放到眼里，但是现在佩戴隐形眼镜已经变得十分普及。

人们对待人工智能奇点的看法也将经历一个这样的过程。

我们现在对未来将诞生的自主、有意识的人工智能感到担忧，这是很正常的。然而，当未来到达这一阶段时，我们的价值观和道德观也将随时代的发展发生改变，所以"未来的我们"应该会理所当然地接纳这样的机器人。

就像世界不会在一天之内改变一样，我们的价值观也不会在一天之内改变。但是，随着科技的不断进步，我们将在适应未来的过程中逐渐接受变化。人类之所以能做到这一点，正是因为我们具备非常灵活的学习能力。惧怕变化将不会给我们带来任何好处。

什么可以做？
什么不能做？

作为一名科技爱好者，我也明白，我们越是追求科技的

第五章
奇点之后，人工智能能成为神吗？
——人类和人工智能的对立将成为历史

进步，就越难判断"什么可以做"和"什么不能做"。

以基因工程问题为例，如果自己没有这方面的困扰，你可能觉得基因工程没必要存在。但是，如果一个家庭的孩子每天都在遭受遗传疾病的折磨，那么对这个家庭来说，能够解决这个问题的技术，就是真正有价值的技术。

然而，即便是为了实现个人的幸福，也不能因此去筛选基因，因为这样做可能会导致生物多样性的消失，那么传染病就有可能导致人类在某个时期迅速灭绝。

所以，判断"是否可以做"并不是一个简单的问题。与机器人和人工智能驱逐人类相比，这个问题带来的风险要现实得多。

在这种情况下，我们所需要的便是前面提到的"道德机制"。如果某种道德观可以在全球和全人类中传播的话，它产生的机制就能发挥强大的作用。可持续发展目标就是一个很好的例子。

可持续发展目标是全球可持续发展的国际目标，联合国193个成员国承诺"不让任何人掉队（leave no one behind）"。人类一直以来试图通过最大限度地提高生产率来追求经济效益，但是鉴于气候变化和许多其他社会问题，人类现在成功地制定了一项全球通用的道德原则——我们应该建设一个属于全人类的未来，即使生产力发展不尽如人意。

资金也向"善"的方面流动

重要的是，资金实际上已开始流向被认为有利于社会可持续发展的领域。购买可再生能源电力就是基于可持续发展目标这一道德规范产生的消费行为之一。

以前，除了电的价格的不同，电力资源之间没有其他任何差别，所以如何稳定、高效地生产大量电力，降低电的价格是非常重要的。但是，现在的趋势是"购买可再生能源电力"，即使价格比过去高。

其实，不管是火力和核能产生的电，还是利用可再生能源产生的电，在电力市场上最终都是合在一起产生电压，以此来提供电力的。在这种情况下，尽管可以计算总体消费量，将其中的利润分配给可再生资源电力的提供者，但是"购买可再生能源电力"也仅仅是经济概念上的一种行为而已。

我们无法区分电力来自哪里，究竟是风力发电还是核能发电，因为它们是被合在一起计算的。除非拥有自己的发电厂和独立的配电网络，否则难以区分不同类型的电力。

不过，相比于个人使用的电是否真正由可再生能源发电产生，更重要的是，人们是否愿意购买可再生能源电力。因为购买可再生能源电力的意识可以改变资金的流向,是整个人类的道德观变化的体现。

全世界的道德标准——可持续发展目标是改变人类未来的高瞻远瞩

我起初也并不理解可持续发展目标这个道德准则。

这是因为人们从过去就一直在强调石油即将枯竭,南极的冰层正在融化,海平面正在上升。我在青少年时期听到这些时,感到非常心痛,甚至想"早干吗去了"。

我也十分理解部分 20 岁左右年轻人的观点。他们认为,可持续发展目标只是"花言巧语"罢了,并没有那么高尚。

在年轻一代中,越来越多的人对未来不抱任何期望,因为他们生长在一个经济发展不再像过去那么乐观的时代。看着通过浪费资源实现经济增长的上一代人,他们觉得:"把债务压在年轻一代人身上,自己却不负责任地享受生活,这太不公平了。"甚至会比较排斥:"我们不想从那些人那里购买商品或接受服务。"他们讨厌当自己长大成人时,接手的是被上一代人弄得一团糟的地球。人都是一样的。可持续发展不是崇高的理念,而是最低限度的道德标准。如果可持续发展是以"唤醒成年人"和"不要让年轻人负债累累"等为目标的话,那么这些目标绝不是虚有其表的漂亮话,它们饱含感情且充满理性。

幸运的是,年轻一代的呼声正在通过互联网不断扩大,并成为一股巨大的经济潮流,甚至影响到了正在主导世界的"50后"和"60后",世界潮流逐渐开始发生变化。

从操作性条件反射(operant conditioning)的角度来看,人类对"奖赏"的期望已经开始发生变化。操作性条件反射是指通过强化(奖励或正反馈)或弱化(惩罚或负反馈)来学习的一种行为。在资本主义中,生产力的提高直接或间接地与奖励挂钩,这样做的结果是,许多人在"认为自己可以提高生产率"时感到愉悦,并借此机会强化这种行为。然而,今天,可以说许多人开始对世界朝着"不让任何人掉队"的方向转变而感到愉悦。

人工智能会对什么"感到愉悦"?

就这样,与"生产力至上主义"相比,我们从"不让任何人掉队的未来"中更能感受到愉悦,这引起了资金流向的转移。而且幸运的是,这一切发生在技术爆炸式进步,即"奇点"到来之前。

在这一变化下,人类做好了将奇点带来的强大力量分配

第五章
奇点之后，人工智能能成为神吗？
——人类和人工智能的对立将成为历史

到"不让任何人掉队"上的准备，可以有效防止奇点的力量集中到"生产力至上主义"上。在未来的人类历史上，这一决定或许将被视为"高瞻远瞩"。

那么，**在新的调节奖励制度下开发出的人工智能和机器人，它们会对什么"感到愉悦"呢？**

科技会基于人类赋予的使命而发生变化。这样一来，人工智能和机器人也将秉承"不让任何人掉队"的思想不断进步（图5-3）。

生产力至上 —— 机器人与人类对立

可持续发展目标 —— 机器人与人类和谐共存

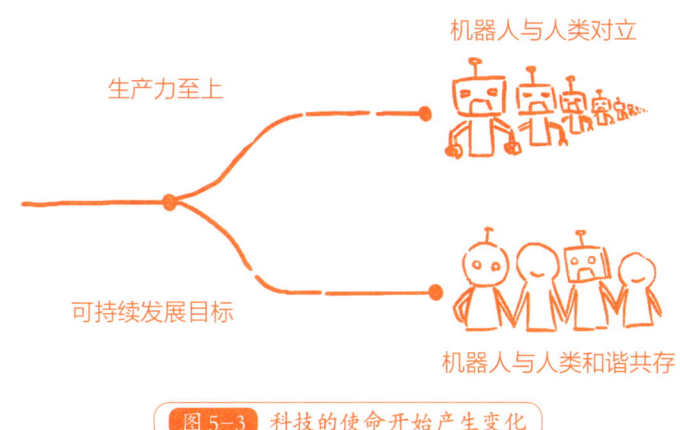

图5-3 科技的使命开始产生变化

另外，不可否认的是，生产力至上主义者的最终选择可能是"抛弃人类"。这样看来，人们普遍担心人类会被机器人驱逐，可以说是一种正常的危机意识。

驱逐人类的幕后黑手究竟是谁？ 实际上并不是人工智能或机器人，而是控制它们的主张生产力至上的人类。正是因

229

为我们追求"成本效益"和"时间效益"的消费行为,才催生了拥有这种思想的人。

在资本主义中,当消费者只追求眼前的经济效益时,资本家就会以提高生产率为目标。如果他们将资源用于其他目的,就会在竞争中败下阵来,无法生存。因此,资本家会不可避免地注重效率,成为生产力至上主义者,进而产生"抛弃人类"的想法。

但是,如果消费者的需求发生变化,资金的流向也将会随之改变。从"不让任何人掉队"的角度而非"经济效益"的角度来选择消费行为,改变资金的流向的话,人类的道德观也会发生改变。

所以,我们既可以创造一个可怕的世界,也可以创造一个光明的世界,而决定权最终在我们自己手里。

"人类和人工智能的对立"将会变成历史

那些从小就接触科技,并且在学校和家里喜欢与机器人相处的孩子,他们看到的未来与我们看到的完全不同。未来,以"人类与人工智能对立"为题材的科幻电影可能会显得落伍。

当我看到电影中描述的人类与人工智能的关系时,我常常会想:"过去有描写对肤色、语言和思想等持有不同价值观而产生的'人与人的对立'的故事,这和现代人想象的'人类与人工智能对立',道理是一样的啊!"

未来,甚至连生命体和非生命体之间的差异,也只是多样性中的一种表现形式而已。

第六章
CHAPTER 6

为何哆啦 A 梦会出现在世修生活的 22 世纪?

——为了"不让任何人掉队"

第六章
为何哆啦A梦会出现在世修生活的 22 世纪?
——为了"不让任何人掉队"

面对两极分化，科技能做些什么？

人类已经成功摆脱"生产力至上"的传统价值观，找到了"可持续发展目标"这个新的行为规范。

然而，在这一趋势中，仍有一些问题有待解决，其中之一便是贫富差距问题。

托马斯·皮凯蒂（Thomas Piketty）等经济学家曾指出，随着资本主义经济发展，贫富差距将进一步加剧，这是一个无法回避的事实。尽管目前"不让任何人掉队"的道德观正逐渐普及，但仅仅靠此是远远不够去构筑一个财富再分配制度的。

毫无疑问，消费者的选择将改变社会，但要衡量其对可持续发展目标的实际贡献值却并不容易。事实上，有人认为，与其投资一个扎实有效的可持续发展项目，还不如做点表面工作，让人看起来好像为可持续发展目标做出了贡献，从而在消费者中快速树立这种形象，因为后者往往会对企业效益产生更大的影响。

遗憾的是，虽然可持续发展目标可以缓解两极分化，却无法从根本上解决资本主义的结构性矛盾问题。除少数例外情况，几乎所有资本主义国家都是要么先贫富两极分化进而实现社会进步，要么收入均等但相对贫穷。

只要现行的资本主义社会体制继续存在，处于财富顶端的人就会相对安稳。但是，当两极分化扩大到极致时，穷人们会对自己的存在意义产生焦虑和不安，最终到达忍耐极限后试图打破现状。于是，社会开始变得不稳定，会爆发革命或内战，进而导致社会结构重置，既得利益者的财富和权益被剥夺。纵观历史，经济增长→两极分化→社会结构重置这一过程不断重演。

而且，随着文明的进步，我们将面临更严重的问题。处在财富顶端的既得利益者与能够熟练使用科技的高科技人才会逐渐联合在一起。

当前的科技可以提高资本主义机制的效率，从而为处于财富顶端的人带来更多财富。然而，相比之下，要惠及那些处于底层的贫困者却并非易事。如果这种情况继续下去，就会形成"资本家＋科技"与"没钱没技术的群体"对抗的结构，使贫富差距更加严重。

那么，为了消除贫富差距，科技能做些什么呢？

如何改变两极分化的发展势头，消除贫富差距，这与本章要讲的"为什么哆啦A梦会出现在22世纪（也就是大雄的玄孙世修生活的时代）"这个问题密切相关。

"无条件基本收入"制度可以解决什么问题?

当科技进步将生产力提高到一定水平,多数生产性劳动由人工智能和机器人完成时,作为解决贫富差距问题的手段之一,引入"无条件基本收入(Unconditional Basic income)"制度的可能性很高。

无条件基本收入制度是指国家每个月无条件向所有国民支付固定金额的补贴,以保证国民生活所需的最低收入的制度。这一制度的引入有利于构建社会保障系统,但同时也可能带来意想不到的弊端。

试想一下,如果我们什么都不用做就能生存,人类和社会将会发生什么变化?

接下来我们探讨一下无条件基本收入制度是会提高还是降低人们的积极性。

影响积极性的机制

美国临床心理学家弗雷德里克·赫茨伯格(Frederick Herzberg)博士根据对工作环境的研究提出了"双因素理论"。

其中，双因素是指"激励因素"和"保健因素"。

这是一个关于影响工作满意度要素的理论，他提出"激励因素"能够让人对工作产生满足感，而"保健因素"则会让人对工作产生不满。

简而言之，"激励因素"包括对工作的兴趣、成就感、成长感、认可度和自由裁量权等，是能够激发动力的因素。如果能够满足激励因素，员工就会感到工作十分有价值和意义，而且这种积极性也将长期持续下去。"保健因素"包括公司政策、工作环境、薪酬和人际关系等，是可能会降低工作积极性的因素。保健因素很难通过个人努力去改变，而且对改善工作积极性的影响也十分短暂。

当保健因素得不到满足时，员工的积极性就会下降。导致这一现象的原因之一是杏仁核（大脑中与焦虑和恐惧有关的区域）为保护机体自身而选择主动降低积极性。以往我们总是认为缺乏积极性是一种懒惰，但这样看来，"积极性下降"的现象实际上是我们身体自然的防御反应，或者说是保护性功能在发挥作用。

另外，当人一旦开始行动起来，就会产生积极性，这是因为大脑中还有一个名为"伏隔核"的区域。它就像是控制积极性产生的"开关"，身体的行为可以激活这块区域，使之产生干劲儿。

它的运转机制很有意思，不仅可以按照"大脑积极性→

身体行为"的顺序运转，还可以反过来，按照"身体行为→大脑积极性"的顺序运转。

如果引入无条件基本收入制度，那么人在物质方面就有了最低生活保障，即"保健因素"可以得到改善。因此，它能有效减少挫伤积极性的因素。

但是，无条件基本收入制度的负面影响是，它基本无法激励人们改变行为，因为人们可以在无须完成任何目标的条件下获得报酬。也就是说，无条件基本收入制度难以作为一种"激励因素"激发人们的积极性。

失去的是克服厌恶情绪的机会

无条件基本收入制度除了有降低人们工作和竞争积极性等负面影响，更令我担心的是人们可能会不自觉地回避做自己厌恶的事情。这固然有好的一面，但也不可避免地存在一些问题。

在当今社会，大多数人为了维持生计，都必须从事各种意义上的工作，或是在社会上闯荡，或是在家料理家务。所以，在这种即使不想做也不得不做的情况下，人们获得了一种"克服厌恶情绪的机会"。

当我们面对让自己感到焦虑不安或者是不擅长的工作时，克服这种情绪的有效机制是主动采取行动（然后干劲儿会自然产生）。只要开始做，最后总能做到。在不断重复"先做，继而产生干劲儿"的过程中，面对不擅长工作时产生的焦虑和不安就会渐渐消失，然后开始慢慢习惯，进而变得熟练，最后甚至可以很好地完成这一项一直以来逃避的工作。这一过程可以十分有效地拓展个人能力。

如果我们失去了这种克服厌恶情绪的机会，将会产生什么问题呢？只做自己喜欢的事有何不可呢？

其实，问题正在于，厌恶情绪会阻碍我们做自己喜欢的事。我们在追求喜欢做的事情时，如果完全回避自己讨厌的事情，选择范围就会变窄，这样或许令人安心，但是会完全失去挑战性，导致我们可能只会活跃于保守而乏味的范围内。

我认为，对这种情况我们不应持乐观态度。

人会变得郁郁寡欢

有强烈好奇心和进取心的人通过"渴望奖励"会成功克服上述障碍，但并非所有人都是这样。

我就是那种直到暑假结束也不会碰一点儿作业的人，而且我对自己要求很低。在无条件基本收入制度主导的时代，

第六章
为何哆啦A梦会出现在世修生活的 22 世纪?
——为了"不让任何人掉队"

像我这样的人如果找不到自己特别想做的事情,将会持续逃避令自己焦虑不安、又或是不擅长的事情。他们将会沉浸在一个自我效能感很低的空间内,没有机会扩展自己的能力。

但自从我开始工作后,因不得不去做一些本不想做的事情,我的能力得到了训练和提高。毫不夸张地说,像我这样的懒人多得令人吃惊,他们只有不断受到驱使才能成长。

如果终日无所事事就能维持生计的话,即使对当前的环境感到厌倦,他们也永远不会离开那像温室一样的舒适区,更不会有欲望去迎接新的挑战。因此,这样的人逐渐会对自己失去信心,怀疑自己存在的意义,余生会变得郁郁寡欢。

如果没有恰当的人生目标和个人价值认同感的话,人们将会陷入质疑**"我为什么而生?"**和**"我是谁?"**的深渊。

这与第一章中描述的"25 号宇宙"实验结果如出一辙。

事实上,许多日本公司的正式员工与公司的聘用关系十分稳定,即使不干活儿也能拿到工资,还不用担心被开除。对于那些决定在公司"混日子"的人来说,在基本不会裁员的日本公司领取的工资就像是无条件基本收入。就这样,一些人在类似于无条件基本收入制度的环境中,率先陷入了"余生郁郁寡欢"的状态。

我相信,在 22 世纪,也就是在哆啦A梦出现的世修时代,人类将迎来这个终极问题。

那么,什么才是幸福呢?

幸福就是坚信"明天一定会更好"

虽然我列举了一些负面的观点，但我认为，关于引进无条件基本收入制度仍然应该往积极的一面考虑。为了在无条件基本收入时代到来之际，能够避免"25号宇宙"实验的悲剧，人类能够幸福生活，让我们来思考以下问题。

让我们考虑一下**不需要做任何事情就能拥有一切的人生是否幸福**。这就如同出生在富人家庭的孩子，想要的东西都能得到。可事实是，无论其处境看起来多么令人艳羡，实际上他们本人还是有很多困扰。

如果从一开始就拥有一切，那么即使他们像其他人一样努力，也很有可能难以感受到自己的成长。

原因就在于起点太高，要想在此基础上取得足够大的进步，并不容易。在他们眼里，作为成功人士的父母是如此了不起，要想超越他们实在是难如登天。

而且，因为他们没有必要摆脱这种优越的生活，所以也就没有理由促使自己去冒险。

很难拥有自我成就感，又缺乏去冒险的动力。当这两种情况叠加在一起时，人将变得难以迎接挑战、难以获得"用自身力量开拓人生的信心",同时"担心失去目前稳定地位"的焦虑感也会随之增强,所以在这种环境中感到压抑也就不足为怪了。

看来,"不劳而获"并不会使人变得幸福。

当然,也不能说那些认为自己处于人生低谷的人就是幸福的。

但是,如果处于人生低谷中,还能保持希望继续攀登,能够一直向前看的话,这种状态或许可以被称为"幸福"。

也就是说,不管你的生活水平、资产、家庭背景、外表、记忆力和运动技能等处于什么水平,想让自己感到幸福,就需要拥有始终相信明天会更好的心态。

能够感受到自己的个人价值,并能够实现个人价值,这样的人才会对今天感到满意,并期待明天会更好。也就是说,感到幸福的条件就是能够意识到"自己还能做得到"。

怎样才能让自己保持信心?

人类刚出生时,只会哭泣。随着年龄的增长,我们"能做的事情""能够理解的事情""能够意识到的事情"会逐渐增多。因此，几乎每个人的人生都是向上发展的。如果还是感觉不到幸福的话，那可能是出于某种原因你没有采取足够促使自己成长的行动。

其中的一个原因便是"焦虑不安"的情绪。

有些人可以在规避风险的同时取得一定程度的成功。既能赚到足够的钱，又能避免失败和挫折，从而能够维持生活和保护自尊，于是他们渐渐地陷入舒适区，学习和成长会随之停滞，最终开始厌倦生活。

人类的显著特征是拥有学习能力，我们为了最大限度地发挥自己的能力，必须将自己置于一个可以不断学习的环境中。我们只有不断挑战自我，不断破解难题，才能不断学习成长。

就和"不要溺爱孩子，要让孩子去闯荡"是一个道理，我们需要有东西促使自己跳出舒适圈，这是非常重要的。

焦虑不安——一种方便而棘手的预测未来的能力

我们先思考一下焦虑不安是如何产生的呢？

正如第三章所述，焦虑不安是一种保护自己避开危险的本能。

焦虑不安能让我们感知危险并迅速逃离。换句话说，为了生存，我们把焦虑不安的情绪磨炼成了比速度和力气更为

第六章
为何哆啦 A 梦会出现在世修生活的 22 世纪？
——为了"不让任何人掉队"

重要的预测未来的能力。这种能力是在漫长的狩猎时代锻炼出来的。

然而，在现代社会，有一些焦虑不安的情绪已经没有必要存在了。焦虑不安分为两种，一种是在面对蛇等会实际危害到自己的危险时，我们会产生焦虑不安的情绪；还有一种是"虚构的不安"。

阴谋论便是其中之一。为了未来的幸福，试图通过预测未来以避免危机，结果陷入自我矛盾。因悲观地看待未来而感到焦虑，结果反而变得不幸。

我们想变得幸福，但结果却是变得不幸福，这种状态非常棘手。那么，**如何才能消除焦虑呢？** 处于一个比现在好的环境中就可以吗？

遗憾的是，焦虑不安是不会消失的。如果人类长期处于同一环境中，还是会变得焦虑不安。这是因为我们总是不自觉地考虑未来的事情，为了避免遇到风险，我们甚至会想"这样的环境是不是维持不了多久"。

如何才能感到放心？

虽然我们一直在锻炼自己预测未来的能力，但这种能力并不总是准确的。没有人能准确预测一年后会发生什么。所以，为了提高准确性，我们会进行各种尝试。例如，如果我们只预测一种可能性的话，命中率将会很低，因此我们会自觉或不自觉地预测多种不同的可能性。在我们的脑海中，数量庞大的虚构未来不断涌现又消失。在这个过程中，预测到的未来有时会与过去的经历相吻合。如果那是一次成功的经历，我们就会确信这次也能成功。也可以说，拥有的经历越多，对未来的不安将会越少，这可以使我们保持平静的心态。

相反，如果因为担心失败而不敢冒险，就难以积累足够的经验，脑海中浮现的未来与过去经历相吻合的可能性就越小。这样我们就会越来越不安，陷入恶性循环，进而变得更加不敢冒险。

为了不被日积月累的巨大不安击垮，即使一时陷入不安的情绪当中，我们也应该努力在新环境和挑战中积累经验。

但在这里必须注意的是，新的环境和挑战必须由自己选择。光靠别人给的机会是不够的，因为我们会担心别人是否能一直给自己提供机会，从而陷入不安之中。

也就是说，为了减少对未来的不安，为了能够相信"自己还能做到"，我们需要主动承担风险，积累克服困难，取得成功的经验。

当然，要想突然做出承担重大风险的决定，也是不现实的。不管有多大决心，都需要讲究做事的方法。

当我们尝试新的挑战时，难免会考虑得不够周全，甚至导致严重的后果。当遇到让人担忧的情况时，虽然我们会条件反射性地逃避和拒绝，但是能够确确实实感受到不安，也是非常重要的。如果不能正确处理不安情绪，一味无视不安而盲目冒险，那么未来依然会变得渺茫。

当你感到不安时，要仔细思考这是不是一种"虚构的不安"，而不是盲目焦虑。事实上，你感到的不安大部分都是"虚构的不安"，所以这样厘清思绪之后，就可以减少不必要的焦虑，未来也会更加广阔。

人工智能或许是首位客观看待人类的观察者

我从工程师的角度提出了一个假设。

尽管人类一直在不断尝试建立一个公平、机会均等，同时又不削弱个体发展欲望的社会体系，但是目前仍未达成。究其原因，在于我们过去一直只试图通过"人类自己"和"制度"来解决问题。

如果让人工智能作为"客观的观察者"参与进来的话，或许可以找到新的方法。

我们人类仅仅靠判断事情的对错或生产率高低，将难以看清错综复杂的关系。

但是，我们可以借助人工智能的力量，不管是在"个人大脑神经活动"这样的微观层面，还是在"整个社会的运转"这样的宏观层面，都可以大幅提高分析因果关系的精确度。这样，我们或许就能构建出一个新的社会体系，还可以为社会和个人探寻"幸福指标"。

"Well-Being（幸福）"是衡量精神财富的指标

探寻幸福指标，换句话说，就是利用人工智能监测个人的幸福指数，并将其反映在社会体系中。为此，需要实时处理庞大的信息。

"Well-Being"直译为"好好生活"，即"过上幸福的生活"，它也可以被描述为一种感到满足、幸福或者生机勃勃的状态。借用"Well-Being"研究领域专家石川善树先生的话，"Well-Being"是指个体对自己的生活和人生感到满意的状态，而是否满意是由个体自己决定的。因此，"Well-Being"是主观的。

石川先生甚至认为应该将"Well-Being"作为国家管理的重要指标。他主张人类需要一种新的衡量指标，这种指标既不是代表"强大武力"的军费支出或核弹数量,也不是代表"物质财富"的国内生产总值(GDP),而是衡量"精神财富"的指标。

"幸福"很难量化,因此资本主义倾向于使用"赚钱"作为衡量幸福的指标。经济发展和国民幸福在一定程度上存在相关关系,所以许多国家注重推动国内生产总值的增长。然而,在20世纪70年代,美国经济学家理查德·A.伊斯特林(Richard A.Easterlin)发现,国内生产总值的增长与幸福度(满足度)在一定收入水平以内存在正相关关系,但超过这一水平后,二者之间就不存在相关关系了。

这意味着我们需要其他指标来衡量幸福感。

于是,世界各地涌现出了一种新的尝试,即通过"Well-Being"这一指标来量化国民的幸福,并以此为基准制定政策。该指标由两个项目来衡量——对整体人生的主观"满足度"和基于日常体验的"幸福度"。

关于全人类如何实现美好生活以及如何解决精神幸福的问题,已经涌现出各种见解。但是,目前科技能够解决的问题仍然有限。在这种背景下,LOVOT应运而生,它是"幸福科技"的先驱。

LOVOT是为了人类而存在,和人一起生活,能够与人互动的智能生命体。LOVOT有望成为客观衡量人类幸福感,并为提高人类幸福感做出贡献的人类伙伴。

探讨到这里，我们回到本章开头的问题："为什么哆啦A梦会出现在世修生活的22世纪？"

机器人终将变成人类的"顾问"

即使到了世修生活的时代，人类社会似乎仍然会存在贫富差距问题。

为了解决这个问题，国家引入无条件基本收入制度后加强了社会保障，"保健因素"得以实现，人们能够安心生活。但是，随着人工智能和机器人承担了许多工作，人类所体验到的满足感将逐渐降低。

因此，人作为社会性动物，不可避免地会产生不安，很多人会开始纠结于"我有什么用""我为什么而活"等问题。

于是，在这样的22世纪，如何才能使人们"相信明天更美好"成为最重要的社会问题。要实现"Well-Being"，我们需要有"我能做到"的希望和信念，而为了让全人类都能拥有这种希望和信念，就需要帮助其中的每个人。我想这就是哆啦A梦诞生的原因。

机器人是为了提高生产力而诞生的，但它的终极使命是成为一名"顾问",引导人类获得恰当的成就感。

机器人将成为伴随我们左右的忠实伙伴,帮助我们肯定自己、挑战自己、提高自己的效能感。它能引导人类在社会快速变化的时代保持信心,让我们跳出舒适圈,不断投身到新环境和新挑战中去。

这便是我在《哆啦A梦》里看到的未来。

"四次元口袋"和亚马逊也无法做到的事情

LOVOT 经过不断升级后,最终将变成如哆啦A梦一样的科技。

不过,我要开发的"哆啦A梦"与大雄身边的哆啦A梦略有不同。它没有"四次元口袋"。

这或许会让一些人失望,也或许会减少"哆啦A梦"的魅力。或许有人会说:"制造这样的'哆啦A梦'有什么意义?"

但在我看来,没有四次元口袋的"哆啦A梦"才真正有意义。

哆啦A梦的重要功能是作为人生顾问陪伴在大雄身边,

它会全程陪伴大雄的人生。

请大家回想一下，从哆啦A梦那里得到秘密道具的大雄获得幸福了吗？答案是没有。只有当大雄鼓起勇气改变自己的时候，他才能获得幸福。所以说，只靠道具是无法变得幸福的。

那么，再让我们再来思考一下"秘密道具"。

四次元口袋里的秘密道具有不同的作用和原理，而且操作方法也不同。但是，大部分秘密道具的功能都是相似的。比如"缩小隧道""缩小手电筒"和"放大手电筒"，或者"飘飘带"和"飘飘药"等。或许，将每种道具视为"不同制造商生产的竞品"会更合理。

我想，如果四次元口袋在我们的未来成为现实，那它可能会像亚马逊（Amazon）提供的电子商务网站一样，收集和销售来自世界各地的各种物品。你可以在屏幕上选择物品，点击购买，然后等待送货上门，这一过程与从四次元口袋中挑选物品非常相似。不同点在于，是"点击购买后等待几天才会送货上门"，还是"产生想法后立即送到口袋中"。

秘密道具就如同魔法一样。

英国科幻小说家亚瑟·查尔斯·克拉克（Arthur Charles Clarke）曾说过，"科技足够发达之后将和魔法没什么区别"，而建立在发达科技基础上的秘密道具在今天的我们看来就像是魔法。

虽然亚马逊和四次元口袋非常方便，却不能增强我们的自我效能感。如上所述，能够随时得到想要的东西并不是实现"幸福"所必需的条件。

22世纪是大雄玄孙世修所在的时代。在那个有许多秘密道具可以自由使用的时代，这个难题仍然无法解决，最终还是需要能够靠近并引导人类的哆啦A梦。

最缺少的其实是关于"自己本身"的信息

迄今为止，人类已经阐明了各种各样的物理现象。客观观察是科学的基础，在此基础上提出假设、进行实验、检验理论并扩大观察范围。

得益于互联网的发展，获取有科学依据的信息在当今是非常简单的事情。信息非常丰富，任何人都可以搜索和了解自己不懂的东西。使用人工智能，我们能够很容易在海量信息中找到自己需要的信息。

可是，网上并没有多少关于我们自己的信息。即使有人用语言解释了我们，那也只不过是他观察到的我们展示出来的一面而已。再详细一点说，那不过是"他用语言描述的他对我们的理解",然后"我们又通过他的语言来理解自己"的一个过程而已。

以当今的科技,我们只能在极其有限的范围内直接、实时地观察自己。

我们想要了解自己这个个体的整体运转机制也并非易事(尽管人们已经尝试使用智能手表等可穿戴设备来测量自己的生命体征数据,但即便如此,我们也只能知道一小部分),尤其是心理活动,因为其中大部分是无意识的,我们看不出信息处理的过程,所以自己往往察觉不到发生了什么,这也会妨碍我们理解自身的心理机制。

这样一来,我们最缺失的,往往是关于自己的客观信息。正所谓当局者迷,可以说我们的各种问题都源于不了解自己。

而我之所以认为未来人类需要让机器人扮演"顾问"的角色,是因为客观的引导可以帮助我们认识自己、引导自己。

当体育运动员遇到一个适合自己的教练时,便能更客观地认识自己,从而获得成长。

同样,如果每个人都能遇到一个适合自己的引导者,那么每个人都将能够通过积累成功经验,相信"明天会更好"。

第六章
为何哆啦Ａ梦会出现在世修生活的22世纪？
——为了"不让任何人掉队"

只靠人类是不够的

"既然如此，为什么不让人类来做我们的人生顾问呢？"虽然我也曾这样考虑过，但很快我就意识到人类的力量是有限的。

简单地说，假设一半人类将成为人生顾问，而另一半成为咨询者，那就需要培养半数以上的人类成为优秀的顾问。暂且不论是否有这么多人愿意成为顾问，只考虑有没有这么多人适合做这项工作，就会明白这不切实际。而且，谁来培养如此庞大数量的顾问呢？这些问题越考虑越复杂。

目前，各个领域都有一些备受欢迎的教练，为得到他们的指点，人们不惜支付高昂的费用。然而，每个教练能够指导的人数是有限的，而且能够支付得起高额报酬的人也是有限的，所以，目前只有极少数人能够接受良好的指导。

我认为在"奇点"之后，超越人类能力的科技将承担起这个使命，使全人类都能够得到接受良好指导的机会。

科技会帮助每位用户了解自己，寻找自己作为社会一员的价值，帮助他们实现幸福。这就是科技为解决贫富差距问题所提供的解决方案之一。为此，机器人将发挥重要作用。

温暖的科技
一位机器人工程师的自白

哆啦Ａ梦可以为人类生活提供安全屏障

让我们再来思考一下"不让任何人掉队"的含义。它所代表的社会与当今资本主义社会完全不同。在资本主义社会中，只有那些契合现有机制和时代潮流的人才能够成功。

而在"不让任何人掉队"的社会里，需要有一种"安全屏障"，鼓励每个个体跳出舒适圈，勇于在新环境中挑战并积累经验；并且，让我们即便失败也无所畏惧，有机会再次挑战。

它必须是人类忠实的伙伴，时刻守护着我们。无论放弃或失败多少次，它总会为我们加油。但是，它绝对不会通过施加压力逼迫我们成长，有时反而会陪着我们一起偷懒，甚至一起哭泣。

在我的脑海中，只有大雄身边的哆啦Ａ梦才符合这样的标准。

哆啦Ａ梦是漫画家藤本弘于1969年创作的角色，它至今仍深受日本国民的喜爱。在我看来，哆啦Ａ梦是科技的理想化身，它能够与人类和谐共处，鼓励人们努力做到更好。

而我们工程师要做的，是把这个理想化身变成现实，它

第六章
为何哆啦Ａ梦会出现在世修生活的22世纪？
——为了"不让任何人掉队"

不是一张二维图像，而是真正能够在现实世界中与人类一同体验、感受的实体。

开发哆啦Ａ梦的公司为何执着于实体机器人？

在世修的时代，开发哆啦Ａ梦的公司为了在人类和科技之间建立信任关系，一定会付出巨大的努力。

即使人工智能可以提供更准确的答案，但为了避免失败，不经过思考便立即向其寻求答案不一定是好事，这可能会导致人们养成依赖他人的习惯。

而且，社会上的大多数问题并没有明确的答案。当面对这些问题时，那些一直依赖他人获取正确答案的人会感到不安。因此，我们需要培养自己面对没有明确答案的问题也不退缩的能力。

在未来，人工智能或机器人的价值不仅在于提供解决方案，也在于为面对难题的人提供精神支持。即使没有答案，当你面临困境时，如果知道有人在支持你，并对你说"我在看着你呢！""我在听着呢！""我一直在你身边！"，那么你也能感到振奋从而重拾信心。

仅仅通过语言表达给人们提供精神支持，虚拟物体也可以完成这项任务。然而，情感的产生是离不开身体的。"接触"是建立信任的一个重要因素。

情感的产生离不开大脑和身体

在此，我以"愤怒"的产生机制为例来说明这个问题。

我们会听到对方的话语或看到对方的举动，如果这里面包含引起精神压力的信息，我们大脑中的杏仁核就会做出反应，产生愤怒情绪。例如，当觉得自己受到了指责，或者发现别人耍花招（不劳而获）的时候，我们都会产生这种情绪。然而，大多数情况下在这一刻情绪还不会爆发。

杏仁核的反应会通过自主神经系统传递到身体，导致体温升高、脉搏加快。然后，负责监测身体状态的大脑区域岛叶皮质会根据身体的感觉产生情绪。在这一步，愤怒的情绪最终爆发。

也就是说，视觉和听觉信息会通过杏仁核生成情绪，而皮肤感觉等身体信息则通过岛叶皮质生成情绪。由此可见，身体与情绪的产生是密切相关的。

机器人可以与我们进行身体接触，与声音和屏幕上的虚拟互动相比，它的非语言交流相当丰富，这在培养信任关系方面起着重要作用，可以补充仅通过语言和图像无法传达的内容。

我想每个人可能都有过想要拥抱或被拥抱的经历。当你拥抱 LOVOT 时，你会真实地感觉到其体温，从而激活岛叶皮质，大脑同时分泌血清素和催产素，产生温暖的感觉。尽管我们的大脑意识到机器人不是一个生命体，但在无意识中还是会产生超越这种逻辑的情感，觉得 LOVOT 是有生命的。

正是因为它一直陪在你身边，所以你才能安心地传递情感和话语。我认为，这就是开发哆啦 A 梦的公司坚持追求实体机器人的原因。

正因为是机器人，所以才能一直陪伴在大雄身边

在哆啦 A 梦的能力中，令我印象深刻的是它能与大雄之间保持适度的距离感。

如果只有"人类引导人类"这一种选择的话，双方就会面临是否合得来的问题，甚至有时引导者的存在会成为一种压力。相比之下，如果是机器人引导人类的话，就可以按照被引导者的感觉保持最佳距离。

哆啦 A 梦本身是一个无忧无虑，还有点儿呆萌的机器人，

再加上它圆滚滚的身材，所以容易让人产生亲近感。如果是人来承担这项引导工作的话，由于责任心的驱使，他不太可能如此大大咧咧地"伺候"懒散的大雄。

在漫画设定中，哆啦A梦被描绘为"性能不好的次品"，但是作为一个工程师，我不这样认为。如果真的是残次产品，很难想象什么故障能导致整体性能如此均衡地下降。

况且，在未来的技术条件下，已经能创造出"哆啦美"这样的完美机器人。不过，虽然哆啦美确实优秀，但是大雄一直面对如此完美的哆啦美，可能会逐渐对自己的力量失去信心。因此，从大雄的角度来看，他需要的不是优等生的统一标准，也不是一个不需要人类帮助的独立自主的机器人。

哆啦A梦将自己视为次品可能是一个善意的谎言，目的是不让大雄察觉哆啦A梦一直在配合大雄调整优化自身，在保证不降低大雄的自尊心和自我效能感的前提下与大雄建立更好的关系。

哆啦A梦是一个机器人，但是它也会失败，也会偷懒。正是因为哆啦A梦让大雄看到了自己的弱点，大雄才不会自卑。正因为哆啦A梦不够完美，有时甚至需要大雄的帮助，大雄才能从中找到喜悦，发现与哆啦A梦一同生活的意义。

就这样，大雄与哆啦A梦以及朋友们一起鼓起勇气，踏上新的探险旅程。他们的探险故事仍在继续，不断给我们带来新的勇气和力量。

哆啦A梦为何是"猫型机器人"?

为了让机器人成为未来人类发展的重要支援手段,LOVOT应运而生。

虽然很多人都期望LOVOT能够收集和分析主人的数据并提供解决问题的方法,但我认为,要做到这一点,还有很多工作要做。

例如,我们还需让它以更自然的方式陪伴在我们身边。到目前为止,机器人的这种能力还没有得到充分发展,人类主动沟通是与机器人交流的唯一方式。因此,我们会觉得反而是机器人占用了我们的时间,导致许多机器人最终被关机扔在一旁。

我们害怕自己被窥探

随着数字化的不断发展,将人类的行为数字化变得越来越容易。比如说,许多软件的推荐功能会显示"购买过此商品的人也对这些商品感兴趣"。虽然这可以让我们发现之前忽视的东西,但有些人可能会感到恐惧:为何软件会如此了解自己的喜好?

这也可以说是一种担忧，担心自己可能在不知不觉中被欺骗。我们在无意识的状态下察觉到了有人企图通过这种推荐功能来谋利，所以产生担忧是合乎情理的。

这种恐惧源于信息的不对称。

在我们几乎完全不知情的情况下，这些企业对我们了如指掌。在这种状态下，即使他们声明"绝对不会做坏事"，也难以让人信服。

这种服务会导致人对科技失去信任。对我们来说，被陌生人掌握信息是一件非常可怕的事情。我们会希望自己信任的人能更多地了解自己，希望和自己信得过的人互相帮助，共度美好生活。

为了让科技成为值得信赖的伙伴，家庭机器人将承担起在人与科技之间建立信赖的责任。

关于理想机器人的假设

与人类一同度过漫长历史的狗、猫，以及现在的 LOVOT，还有在未来作为人生顾问的机器人哆啦 A 梦都会陪在我们身边。

如果哆啦 A 梦是一个旨在代替人类劳动的机器人，那么它本应每天帮助大雄的妈妈做家务。然而实际上，哆啦 A 梦只会偶尔提供一些帮助。它有点儿懒散，有时从大雄妈妈那里接过它最爱吃的铜锣烧后，甚至会打起瞌睡来。

由此我们可以看出，机器人哆啦A梦不是为了参加生产性活动而存在的。

那么，**哆啦A梦为什么是一个胖嘟嘟的猫形机器人呢？**

我认为，哆啦A梦是由21世纪开发的机器人进化而来的，它就像宠物一样逐渐成为家庭的一员。它的祖先为了获得人类的信任，一直陪伴在人类的身边，被设计成人类喜欢的样子，而哆啦A梦在此基础上继续进化，所以它才继承了胖嘟嘟的外观。

"我们现在正在制作哆啦A梦的祖先。"

当听到这句话，你是否也会激动不已？

我觉得我们终于找到了制造理想机器人的突破口。

"文明的进步会让人类幸福吗？"

在思考的坐标里，有一个向量指向了哆啦A梦——它完全不同于以往以提高生产力为目的的科技。

第七章
CHAPTER 7

哆啦 A 梦的制造方法
——仅靠 ChatGPT 是无法实现的

第七章
哆啦A梦的制造方法
——仅靠ChatGPT是无法实现的

温暖的愿望孕育温暖的科技

终于，来到了第七章。

最后我想和大家分享的是我对制造哆啦A梦的构想。

之所以想和大家分享，是因为我相信，大家对"科技能够创造温暖未来"的信心，最终会成为推动温暖科技诞生的力量。

然而，要想达到哆啦A梦的水平，实际上还是非常、非常、非常困难的。

作为LOVOT的开发者，我只是稍微涉猎了一点儿有关生物和机器人领域的知识，就已经深刻体会到人类的不可思议之处。

人类会从解决问题中获得乐趣。就像玩俄罗斯方块、数独或其他游戏一样，如果认为是自己能处理的问题，哪怕没有人要求，我们也会着手解决。但当面临不知该如何解决的重大问题时，我们就会产生不安情绪，不知从何下手，这种不安会让我们停止思考。

面对重大问题时，需要做些什么才能向前迈进呢？

是像堂吉诃德那样，无论面对多么强大的敌人都勇敢发起冲锋吗？

其实，这种鲁莽的勇敢是没有必要的，我们可以用一个相当简单的方法——将问题分解。

即使哆啦Ａ梦的制作难度很大，但如果能把制作过程像玩俄罗斯方块或数独的解题过程一样进行分解，那么每个人都能独立解决其中一部分问题。将分解部分展示给有宏观决策能力的人，将其组合起来，再将新发现的问题继续细分、解决、组合。这样坚持下去，总有一天哆啦Ａ梦会诞生。

想要比马跑得更快、比鸟飞得更高，这对于古代的人类来说是极其困难的事情。然而通过分解这些难题，我们在不知不觉间，速度已经变得比骏马快许多倍，能在天空中翱翔，甚至能够进入太空。

现在，人类甚至试图利用科技创造自古以来便一直仰望、崇拜的对象——太阳。

当明白"太阳内部有大量的氢在进行核聚变反应"时，我们就开始梦想根据这一原理在地球上建造发电系统，从中获取能源。我想，总有一天人类也会实现这个梦想。

换句话说，我们一旦明白了其中的原理，就可以开始探索制造方法，并最终（什么时候实现另当别论）一定能够将其制造出来。

在本章中，我将回顾我们之前讨论的内容，同时介绍我对 LOVOT 进化成哆啦 A 梦的设想。我的表达能力有限，有些地方可能会难以理解，但如果各位能继续往下阅读的话，我会感到非常荣幸。

那么，让我们开始吧。

关键在于能否提高预见性

哆啦 A 梦和大雄一样睡午觉、吃东西，使用相同的语言，一起生气或大笑。换句话说，哆啦 A 梦和人类一样理解和思考这个世界。但是，要让机器人达到这种"和人类一样的自主认知、处理能力"，应该使其具备什么样的功能，朝哪个方向发展呢？

我认为，和人类自身的发展一样，只要不断提高机器人的预测能力和前瞻性，就能够实现这个目标。

高智商生物能更好地预测未来

我认为，人类与其他动物最大的区别就在于对未来的预测能力。

真正聪明的人不是那些善于死记硬背的人，而是那些具有卓越的洞悉未来能力的人。作为一名机器人开发人员，当听到"高智商生物"这个词时，我首先想到的是在预测未来时能够看得更远的生物。

我说的预测未来，并不像诺查丹玛斯①（Nostradamus）的预言那样夸张。

当主人回家时，家里养的狗或猫可能会在门口等待，这也是一种对未来的预测。可以说，它们是通过声音等迹象，预测到了主人即将回家这种近在咫尺的未来。LOVOT也能通过智能手机应用程序预测主人回家的时间，并提前到门口迎接主人。这是LOVOT与生俱来的能力，但从某种意义上，狗和猫更胜一筹，因为它们的这种能力是后天习得的。不过，它们都无法预测遥远的未来。

此外，在野生动物中，有些动物能够预测我们无法知晓的未来。

据说，候鸟能够避开台风，人们认为它们是经过数万年的进化才具备了这种能力。然而，这是基于先天能力的一种无意识行为，对于"为什么现在要迁徙"或者"为什么在等待迁徙"这些问题，它们可能并不自知。候鸟只是本能地觉得"现在不是起飞的时候"，并没有意识到"自己在特意躲

---

① 16世纪法国籍犹太裔预言家。——编者注

第七章
哆啦A梦的制造方法
——仅靠ChatGPT是无法实现的

避台风"。

动物能预测几秒后会发生什么，而人类可以预测几十年后会发生什么

基本上，为了捕食猎物或躲避天敌的猎杀，动物能够根据自己获得的信息尽可能预测较远的未来，这对生存是有利的。然而，就像候鸟一样，对动物来说先天、无意识的未来预测占据主导地位，即它们并不理解其采取某种行为的意图。在后天学习方面，大多数生物（少数例外）只能预测几秒之间的未来。

相比之下，我们人类呢？

我们会因为明天的郊游而兴奋得睡不着觉，会为一年后的考试而焦虑不安，也会为几十年后的老年生活而忧心忡忡（图7-1）。如果郊游是影响生存概率的激励性活动，那么即使是野生动物，在持续几代后也可能会诞生对郊游感到兴奋的个体。

然而，我们并不是靠先天能力，而是通过后天学习对各种事件进行预测的。换句话说，人类是通过后天学习大幅增强预测能力的。

我们对自己在进化过程中获得的这种奇妙能力了解得越多，就越会对它的独特性感到震惊。这种特性为我们创造哆

> **温暖的科技**
> 一位机器人工程师的自白

几秒后

只有人类能预测遥远的未来　　明天　　几十年后

图 7-1　人与动物对未来的预见性

啦 A 梦提供了重要线索。

我在学生时代曾经学过"计算流体力学（CFD）"，该学科是在计算机上模拟空气等流体的流动。

模拟也是一种对未来的预测。通过使用超级计算机这种特制的、大型的机器，我们可以预测空气流动。这种预测以当下为起点，通过大量计算，对不同条件导致的结果做出预判。为了预测几秒后发生的事情，我们需要仔细分析所有相关的空间和时间要素，解析其中的因果关系，所以要想提高预测的精确度，就需要超级计算机计算很长时间。

人类无法完成如此庞大的计算量，然而，我们能够轻松地预测未来（尽管准确度各不相同）。鉴于这一点，复制人类思维的手段似乎并不是像模拟那样直接"累积计算"。

如果能够弄清楚人类预测未来的原理，就总有一天能掌握复刻它的方法。

那么，人类是如何获得这种不寻常的思考能力的呢？ 解答这个问题的过程为我们提供了制造哆啦A梦的线索。也可以说，这个问题的答案与生物进化史密切相关。

让我们看看生物的进化过程中是否有什么线索。

从植物到动物——获得"运动能力"的过程

据说，在远古时代，包括细菌在内的单细胞原核生物进化成了真核生物。这一进化的过程有很多未解之谜，至今人类尚不清楚它是如何发生的。不过，得益于这次进化，真核生物在细胞内产生了线粒体，从而能够进行"呼吸"。

呼吸作用的原理是利用氧气分解糖分，从而提取能量，并将二氧化碳排出体外。

接着，分别产生了植物和动物。

大部分的植物都能够进行光合作用（尽管有些植物不具备叶绿体，这里暂且不论）。光合作用是利用光能将无机物转化成有机物质的过程。植物获得了一种神奇的功能，即通过沐浴阳光就能获取生存能量的叶绿体。

从这个角度看自然界，我们可以发现森林是争夺阳光的竞技场。在能够承受风雪的前提下，那些长得更高、叶子长得更大的植物，能获得更多的阳光。因此，植物获得了坚硬的细胞壁，从而使自己的茎长得很高，叶子长得很大。

相比之下，菌类和动物却没有获得叶绿体这个神奇的功能。这些生物被称为"异养生物"，因为这些生物不能自己制造营养物质，只能靠捕食其他生物作为营养来源。

菌类捕食细菌等各种有机物，蘑菇和霉菌都属于这一类。在捕食其他生物的类别中，为了提高捕食效率，从而进化出快速运动能力的是动物。具备运动能力的动物同时获得了逃生的能力。为了捕食或逃跑，它们需要适时感知周围的环境。因此，视觉、听觉等感觉器官也得到了强化。同时，为了高效地处理信息，大脑也随之诞生。

追溯进化史，我们可以窥见其他动物和人类行为的基本原理和规律。我相信，如果我们了解了生物的行动有规律可循，其是由一些简单的本能组合而成的，那么我们最终将会制造出哆啦A梦。

动物通过"感知"和"运动"获得了学习能力

我们继续探讨进化的过程。

从最初没有移动能力的原始细菌，演变为主动移动的动物，这一进化使得生物的认知和学习能力得到了飞跃性发展。

想要生存下去，仅仅盲目地移动是没有意义的，基于某种判断而高效移动才是至关重要的。

在最早的生物诞生的时候，细胞就已经具备感知化学物质和光的能力。这一能力进化为感觉器官（相当于传感器），使生物获得了认知环境的能力，即"知觉"。感觉器官和运动能力相互影响，使生物得到进一步进化。

生物知觉的准确性和反应速度对其生存机会有巨大的影响，知觉越是准确、灵敏，就越容易存活。但这也有弊端，感觉器官以及处理信息的神经系统会消耗很多能量。

你是否有过把手机开着摄像头就放到口袋里的经历？这样会让手机机体变得很热，电池电量下降得很快，这是因为相机一直在处理大量的信息。动物也是一样的，不断感知周围环境会耗费能量。

即使我们不运动，仅仅是呼吸也会消耗能量。肌肉在低温状态下无法迅速活动起来。因此，像人类这样的恒温动物为了肌肉能正常活动,需要保持恒定的体温。这就如同为了让汽车在低温环境中灵敏行驶起来,让发动机处于预热状态一样,其产生的热量是巨大的。

有一个词叫"基础代谢",它指的是维持生命所需的最低限度的能量。据估计,成年男性的基础代谢量约为 1500 千卡(1 千卡 ≈ 4.18 千焦)。如果肌肉量增加的话,基础代谢量也会增加。此外,大脑也是人体耗能较大的部分。也就是说,保持体温、增加肌肉、维持感觉器官的运转和开发大脑都需要很多能量。

因此,恒温动物是"高性能"和"高成本"的生物。

恒温动物的生存成本(基础代谢量)大约是爬行动物、鱼类等变温动物的 10 倍。也就是说,恒温动物需要摄入变温动物大约 10 倍的热量,否则就会饿死。可以说,恒温动物为了获得卓越的性能和更多的营养,进行了一场豪赌。

海参是低耗能体质,而人类是高耗能体质

有一些变温动物推崇"节能路线"。可以说动物界中也存在各种各样的生存策略,非常有趣(图 7–2)。

第七章
哆啦Ａ梦的制造方法
——仅靠 ChatGPT 是无法实现的

高耗能体质

低耗能体质

图 7-2 不同的生物有不同的生存策略

人类采取的生存策略是追求认知功能的高性能化，而海参与人类截然相反，它是削减认知功能，将节能做到极致的动物。

海参几乎没有肌肉，很有弹性的那部分是海参的皮而非肌肉，而且海参没有眼睛和鼻子等感觉器官，也没有大脑和心脏。如果我们按照对人类死亡的定义，如心脏停止跳动或脑死亡来描述海参的话，海参可以说是处于"死亡"状态的生物。它舍弃了基于认知的反应，从而获得了极端节能的体质。

海参的生存策略不是去感知或迅速移动，而是通过摄取流沙上的养分或吃掉漂流而来的微生物来获取营养。换句话说，它通过最大限度地降低基础代谢，减少能量消耗。作为动物，它抛弃了迅速移动和感知的能力，过着和菌类一样的生活。

而人类选择了不断去感知和思考，并且为了捕食或逃生而主动采取行动。

像鹰和猎豹这些顶级的捕食者，与人类不同，它们将更多能量用于肌肉而非大脑，但基本上也可以说是高耗能的生物。（顺便说一下，高耗能体质需要消耗更多能量，因此不容易发胖。因此，对于不想发胖的人来说，通过节食来减少肌肉会适得其反。这是因为减少肌肉会让人变为低耗能体质，而低耗能体质的人即使吃得少也容易长胖，出现严重反弹。所以如果你想成为易瘦体质，与其试图在短期内减肥，还不如长年累月地锻炼肌肉。）

然而，我们人类无论如何努力锻炼肌肉，以形成不易发胖的高耗能体质，肌肉量还是很难增加，而脂肪却很容易堆积。

之所以增肌难，是因为基础代谢量增加会导致能量消耗得更多，饿死的风险会升高。也就是说，需要很高的成本来维持肌肉所需的能量。与此相反，我们之所以容易长脂肪，是因为脂肪可以将多余的能量储存起来，在紧要关头时可以依靠这些多余的能量求得生存。也就是说，是因为脂肪的维持成本很低。

这里并不是突然跳到毫不相干的话题，而是想要以此为出发点思考"**人类为了降低能量消耗都做了哪些努力**"。

人类凭借"高节能和高性能的知觉"超越了所有生物

"聚类"和"分类"

对于节能来说,切换"开关"是非常重要的。

在观看狮子的纪录片时,你会看到狮子在树荫下悠闲地躺着,或者用犀利的眼神紧盯猎物的场景。这意味着,动物在休息时将能量消耗控制到最低水平,而狩猎或逃跑时会全力以赴。

为此,动物会想方设法去感知环境。"聚类(clustering)"和"分类(classfication)"就是其中的两个方法。

想象一下,当一只飞得很低的小鸟看到地面上有另一只鸟的影子时,它会做出什么反应呢?

它需要区分影子是来自自己上方的鸟,还是其他物体,比如随风摇摆的树枝。如果是鸟的影子,那么还要进一步区分是短颈猛禽还是长颈候鸟。这种区分方法是将相似(这里指形状)的鸟类放在一起考虑,因此被称为"聚类"。

把"聚类"在一起的成员,再按照对自己是否有意义的标准进一步划分就叫作"分类"。对于小鸟来说,猛禽的影子意味着自己的头顶可能有一个虎视眈眈的捕食者,这是意义重大的信号。通过解读这种信号,小鸟能够在看到猛禽的影子时采取行动及时逃生。

蟾蜍的反应机制

一位工程师曾告诉过我蟾蜍辨别食物的方法。

当你在蟾蜍面前移动一个细长物体时,如果你顺着物体长边的方向移动该物体,蟾蜍就会试图吃掉它;但如果是顺着物体短边的方向移动该物体,蟾蜍就没有反应。为什么会发生这样的事情呢?让我们来分析一下。

蟾蜍的食物是活的昆虫。如果像人类一样以高分辨率识别昆虫,大脑和眼睛将会消耗很多能量,即生存成本很高。如果能以较少的能量消耗获得同样的判断能力,在生存上就会更有利。

因此,蟾蜍采取了一种大胆的策略。将舌头可触及范围内的"正在移动的细长物体"和物体的"移动方向"作为聚类标准,将顺着长边方向移动的细长物体归类为"食物",将与长边成垂直方向移动的细长物体归类为"非食物"。

例如,竖着生长的草不是食物,虽然草也会随风摇动,可是因为草不是顺着长边的方向移动(上下移动),因此草就会被蟾蜍忽略。蟾蜍无须进行详细辨认,也能高效地识别出昆虫。只不过，蟾蜍的这种进化方式导致的结果是，当细长的物体顺着长边的方向移动时，即使这个物体不是昆虫，蟾蜍也会做出反应（图 7-3）。

图 7-3 蟾蜍如何辨别食物

我们不能简单地认为蟾蜍的这种分辨率低而且简略的识别方法不如人类，因为蟾蜍采取的是节能策略，它只需要不足哺乳动物十分之一的生存成本（按照体重计算的基础代谢）。对于采取节能策略的变温动物蟾蜍来说，如果以消耗大量能量为代价来提高辨别的精确度，那将是致命的。可以说，蟾蜍在进化过程中采取的这种生存策略是先进而复杂的，这样不仅具备了捕食所需的识别能力，还节省了能量，所以即使吃得少也不会饿死。

"聚类"和"分类"的方法因生物而异，但它们共同的特点都是为了节约能量并且能够快速做出反应。

人类特有的高分辨率分类能力——语言

人类还掌握了一种能力，能够对绝大多数细节进行聚类和分类。这种能力，是高分辨率的"语言"。

当然，人类以外的动物也能够使用语言，甚至有些动物的语言有几十种不同的"词汇"和"语法"。它们使用语言主要体现在用"警戒声"告诉同伴有外敌逼近。人类的语言最初也是出于这种目的，但经过进化和适应，现在人类的语言已经能够精准地传达更多的事件。

人类可以给事物命名，从而将事物无限细分，提高对事物的分辨率。

例如，《日本的颜色辞典》中共有466种不同的颜色。光是"绿色"就包含很多种，如"嫩苗绿"和"嫩草绿"，它们听起来相似，却是不同的颜色。这些名称起源于何时不得而知，但在当时的日本，人们很可能对叶子的不同颜色产生了浓厚的兴趣，并用语言逐一描述这些差异来加深对自然的理解。

相反，如果是不感兴趣的事物，人们就不会用语言去表达它，因此对它的理解程度就会很低。世界上有的群体认为彩虹有2种颜色，而有的群体则认为彩虹有8种颜色。从中我们可以知道，尽管每个群体看到的都是一样五彩缤纷的彩虹，但如果没有表达这些颜色的词汇，"分类"的细致程度就会受到限制。

高分辨率的语言给人类带来了巨大的变化。它使我们能够识别细微的差异，并且精确地向他人传达这些差异，或者提高学习的准确性。

这使得人类拥有了其他任何动物都不具备的特征，例如能够精准地感知环境，理解语境的变化，并基于这些内容预测未来，以及传达概念和虚构的东西。

人工智能聊天使用的大语言模型，能够将人类创造的海量文本数据（包括互联网上的信息）中呈现的语言模式进行聚类，把聊天的内容转换成字符串，再通过复制相应的语言模式，生成行文流畅的回答。

也就是说，无须进行逻辑思考，只需对字符串出现的模式进行聚类，就能完成如此高智能的操作。由此可见，语言和聚类是构成人类智慧的重要元素。

我们如何理解并使用语言表达世界？

那么，**我们人类是如何理解并用语言表达这个世界的呢？**

就像电脑处理信息一样，信息会进入大脑，然后再以故事的形式形成文章。下面，我们按照顺序看一下这个过程。

首先，我们来看一下信息输入。

秋天，当暑热开始消退时，有些人会出门跑步，而道路两旁种植了许多不同种类的树。如果不知道每种树的名字，不能用语言表达和描述它们，就只能把它们概括为"路边的树"。

但是，如果每种树都有名字，并且我们对每种树的特征都形成了系统的知识体系，我们就能够实现高"分辨率"的分类。

接下来，我们看一下情景信息的输出。

"我跑步的时候，看到路两边的树开花了"和"我跑步的时候，看到路两边的金桂开花了"，这两句话给读者的印象会有很大不同。

如果是听到前一句话，很多人的脑海中会浮现出树叶的绿色和花朵的彩色等视觉信息；而听到后一句话，更多的人会联想到金桂鲜艳的橙色及其独特的香味。这就是用语言将世界划分成不同的模块，从而理解并传达信息的过程。

试想一下，如果不是用语言，而是用视频来传达这个情景的话，会有什么不同呢？

如果将"跑步经过金桂开花的地方"这个情景按时间顺序录制成视频的话，即使画质相当粗糙，几十秒的视频也至少需要10兆字节（MB）。

而将相同的场景转换成文本信息的话,却只需要几十字节(B)。由此可见,文本和视频的数据量相差一百万倍(图7-4)。

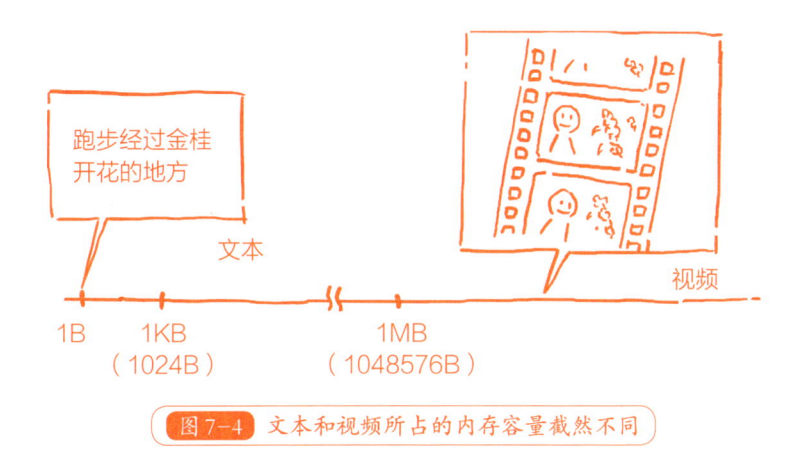

图 7-4　文本和视频所占的内存容量截然不同

10兆字节的文本量大约相当于一千万个半角字或约五百万个全角字。一本小说的字数通常是10万到20万字,这样看来,一段几十秒的视频就相当于25至50本书甚至更多的数据量。可见,将信息看作一种模式,并通过聚类和分类将其转换为文字,具有惊人的节能效果。

我们把世界当作故事来理解,这种卓越的认知能力和学习能力,是我们获得的比锋利獠牙和强健肌肉更有用的武器。

将经历转化为故事
大大提高了对未来的预见性

把经历当作"故事"来理解和记忆，在认知科学术语中被称为"情景记忆"。

历史学家尤瓦尔·赫拉利（Yuval Noah Harari）的《人类简史：从动物到上帝》（*Sapiens: A Brief History of Humankind*）一书中，介绍了人类在 7 万年前到 3 万年前，在进化适应的过程中获得"讨论虚构的事物"的能力，这被称为"认知革命"。而这种能力的基础就是情景记忆。

我认为，人类获得情景记忆是为了加快学习的速度和预测未来。

将经历作为一个情景（故事）来记忆，更容易记住和整理，而且也更容易用语言传达给他人。

比如"早上起床""离开被窝""走到厨房""给水壶加水""打开电源""冲咖啡"。如果不将这一连串的事情故事情景化，将很难记住，也很难说明。

将这些事情编织成故事之后，信息传达会变得更加简单，知识传递和协作也变得更容易。同时，对未来计划的安排也变得更加简单，比如在"打开水壶电源"之前，想"先把浴缸注满热水"。换句话说，将经历的事情编织成故事之后，我们能够轻而易举地回顾自己的经历和行为，也能够制订或修改计划。

人类能够将经历编写成故事，就可以用这种非常简单的方法来处理具有时间维度的信息。

通过使用语言，我们可以把每一次经历都变成一个故事。通过讲故事，我们可以整理自己过去的经历，也可以从他人的经历中学习经验。因此，我们能够理解几天前、几年前甚至几十年前发生过什么。

通过学习过去的故事，我们可以预测未来。

通过观察和总结，我们能够假设"如果现在发生类似的事情的话，将来可能会发生什么"。

例如，如果我们知道几万年前曾有一段时期全球气温升高，我们就可以做出长期预测——全球变暖最终会导致什么结果。可以说，正是因为有了语言，我们才可以预测更加遥远的未来。

让人工智能达到人类智慧水平的六个步骤

以上是我对自主认知处理机制的理解。人类在进化过程中提高了学习能力，通过语言有效地理解世界，从而可以预测更加遥远的未来。

以此为基础，我们将继续探讨如何制造出哆啦A梦这样的机器人。

关于哆啦A梦的身体机制，比如"如何制造出可以拿东西的球状手"以及"如何将铜锣烧转化为能量"等未解决的问题虽然也很有意思，但我认为哆啦A梦即使不吃铜锣烧，或者它的手不是球形的，甚至外形不一样都不会改变它的本质价值，所以我们不讨论这些问题。

我关注的是"如何制造出具有人类同等认知能力的机器人"。

以提升机器人的预测能力为目标，我认为在哆啦A梦诞生之前，有以下关键步骤：

①自主选择"关注点"并构建故事；
②确认并编辑故事的"因果关系"；
③自主构建假设，将故事抽象化并生成"概念"；
④扩大对未来的预测范围，衍生出"自我"；
⑤生成的自我意识加深"共情"；
⑥获得引导人类的能力。

尽管现有的大语言模型获得人类的指令后，也能完成其中的一些步骤，但是我们需要的是它能自主运行。下面，让我们按顺序逐步走近理想中的机器人——哆啦A梦。

①自主选择"关注点"并构建故事

第一步是自主选择"关注点"并构建故事,这与前面提到的"将经历整理成故事进而理解世界"是一个意思。这是开发新一代机器人的第一步。

当前的机器人正处于这一阶段之前。例如,LOVOT 可以根据相机生成的图像信息对"人形"物体进行聚类,然后将其归类为"可与之交流的人类"。它还会进一步对人脸进行详细聚类,并进行个体识别与归类,从而能够亲近那些经常关爱它的人。

换句话说,LOVOT 能够初步理解看到的物体和听到的事情所表达的含义。然而,它还没有达到能像人类一样预测未来的水平。

目前的人工智能面对自己识别到的事情时,还是主要将其作为"此时此地的经历"进行处理。

例如,它可以理解文章中单词之间的关系等有限的语境,但也不过是对其做统计处理罢了。对人工智能来说,将事件理解为故事并梳理其"时间顺序"和"因果关系"是很有难度的,它理解多维语境的能力还很有限。

温暖的科技
一位机器人工程师的自白

尽管如此，我们还是能够制造出像 LOVOT 这样的机器人，让人感觉它就像有生命一样，这是因为人类以外的动物通常也是将识别到的事情作为"此时此地的经历"进行处理的（从某些方面来说，有些动物之所以能够治愈人类，正是因为它们生活在"此时此地"，所以这并无优劣之分，而是与其自身角色相适应的一种信息处理方式）。那么，怎样才能像人类一样，把经历整理成具有时间维度和因果关系的故事，并用语言表达出来呢？

人工智能还不会自主取舍信息

首先可以确定的是，如果将所有的所见所闻都用语言表达出来的话，是不会形成故事的。因为故事不是"描述所有方面"，而是"从识别到的事物中选取自己关注的点，然后对自己关注的部分做出解释"。

以"看不见的大猩猩"实验（The Invisible Gorilla）为例。

受试者被告知"在视频中，几个人正在传递篮球，请数一下传球的次数"。视频中大约有 6 名男女在移动中传递两个篮球，受试者需要记录他们的传球次数，这是一项相当困难的任务。虽然视频很短，但由于视频中传球的身影重叠，因此想要准确计数需要注意力高度集中。

然后，组织实验的人在询问受试者的计数结果后，突然

第七章
哆啦Ａ梦的制造方法
——仅靠 ChatGPT 是无法实现的

问:"你注意到大猩猩了吗?"

实际上,一个伪装成大猩猩的人出现了将近 9 秒,他缓慢地行走并做了相当引人注目的动作。但令人惊讶的是,大约一半的受试者都没有注意到大猩猩的存在。

部分受试者没有看到大猩猩是因为"选择性注意"。人们在认知事物的过程中,会基于经验、愿望或成见来筛选或曲解信息。

实验结束后,受试者再次观看视频时,他们确实注意到了大猩猩,但有人怀疑这次看的和之前看的不是同一个视频。

所以说,当我们接触的是像视频这样庞杂的信息时,我们只会记住我们认为"必要"的部分,而舍弃其他部分。因此我们不是记住所有信息,而是收集自己关注且记住的部分信息,并主观地将它们联系起来。尽管这些信息并不完全准确,但我们构建了一个对自己来说足够合理的故事。就这样,对于每次经历,我们都会创造一个属于自己的崭新的故事。因为被创作出来的故事含有个人发挥的成分,所以即使看相同的电影或有相同的经历,不同的人也会有不同的解释。

我们人类和其他许多动物能够"忽略关注点以外的事物",而且还可以通过后天学习增强这种能力,但目前的人工智能在信息的筛选上还不能做到如此灵活。

为什么说"历史是由胜利者书写的"?

我们知道,要想创造一个故事,就需要确定"关注点"。

以"历史是由胜利者书写的"这句话为例,或许更容易理解。

每次大规模战争结束后,人类历史都会被添上新的篇章。而这些历史中的故事往往是从胜利者的角度书写的。也就是说,历史有可能是"极其主观"的。换句话说,历史是经过提取和简化的一部分信息而已。

由于历史书写者在选取"关注点"的时候会遗漏一些周边信息,所以历史与真相不同。此外,历史当中还掺杂了一些带有偏见的个人解释,因此不可能真正客观。经过这样的过程,历史最终被压缩成可以用来预测未来的袖珍信息。

相比之下,如今的人工智能会根据事先设定记录所有相关信息。一个被设定为能识别人类、大猩猩和篮球的人工智能是不会忽略大猩猩的(相反,不能识别大猩猩的人工智能除非单独运行一个新的学习程序,否则无论看多少次视频都无法识别大猩猩)。虽然人工智能可以降低出现偏见的风险,但要让它识别大量事物,就需要进行海量的信息处理。为了实现迅速识别,就需要耗电量巨大的计算机,而将其应用在小型机器人机体中是不切实际的。

第七章
哆啦A梦的制造方法
——仅靠 ChatGPT 是无法实现的

从能量效率的角度来看，所有力所能及的事都去做的话，是没有效率的，因此像生物那样合理地筛选出"需要做的事情"至关重要，但这对目前的人工智能来说仍有难度。

如何选择和识别新的"关注点"，这是将来创造和人类一样智能的机器人的过程中必须解决的问题之一。

如果机器人能够自主、恰当地选择"关注点"，它就可以将信息适当地进行切割，进而将故事按时间顺序串联起来，不至于出现杂乱无章的情况。换句话说，这就为思考和预测未来提供了基础。把从关注点获取的信息存储起来，这种功能称为"记忆"。记忆可以分为多种类型，但目前的人工智能仅具备其中的一小部分。例如，大语言模型从训练数据中提取常识、事实、概念、语言和文化规范等抽象信息来生成答案，因此可以说它主要获得的是"语义记忆"，即常识性知识的记忆。然而，人工智能尚未掌握"情景记忆"，不能像人类那样把经历作为一个故事去记忆。未来，机器人将与大语言模型以外的人工智能结合起来，不仅能够掌握情景记忆，还会拥有短期记忆、长期记忆、程序性记忆和感官记忆。这样，我们在创造像人类一样自主学习的机器人的道路上，就又可以前进一步了。

②确认并编辑故事的"因果关系"

读到这里，或许有人会产生这样的疑问："现在的人工智能不是已经能够预测未来了吗？比如说，天气预报。"

的确，天气预报也是对未来的一种预测，但它不同于人类基于"故事"对未来进行的预测。天气预报的数据来源于气象站和气象卫星获取到的气温、湿度、风速等，它只是一种"基于测量数据的物理模拟计算"。虽然我在这里用了"只是"这个词，但如果了解一下天气预报的工作内容，就会发现它有一套非常复杂的体系，绝对不能小觑。它可以收集并处理过去几个小时内来自世界各地的实时数据，按照时间和区域将地球划分为若干部分，最后根据这些数据预测未来的天气状况，因此它堪称人类智慧的结晶。

目前用于物理模拟的人工智能可以在细分的时间和领域内，进行计算和预测。只要有合适的数据、条件和计算能力，它就能在短时间内做出确定性预测。天气预报对未来的天气做出预测，依靠的是能够处理海量数据的人工智能，但是人类即使没有获得足够的数据，也能够预测未来，这才是人类的神奇之处。

第七章
哆啦 A 梦的制造方法
——仅靠 ChatGPT 是无法实现的

我们没有人工智能那样的海量内存和计算能力，所以即使有合适的数据和条件，我们也无法通过模拟来预测未来。然而，对于自己有一定知识储备的领域，即使没有足够的数据，人类照样能进行预测。

这到底是为什么呢？

从这里开始，我们将进入"哆啦 A 梦诞生之路"的第二步——确认并编辑故事的"因果关系"。这是"对于一开始看似完全无关的 A 和 B，是否能够理解它们之间的因果关系"的能力，每个人的擅长程度不尽相同。

"只要刮风，卖桶的就赚钱"，这个逻辑能够模拟吗？

日语中有这样一句谚语："只要刮风，卖桶的就赚钱"。

从这句谚语中可以知道，"刮风"和"卖桶的商家赚钱"这两个看似毫不相干的事情之间也可能存在因果关系。

日本江户时代（1603—1868 年）的人们认为，刮风就会导致尘土飞扬，沙尘飞进眼睛会导致一些人失明，失明的人为了维持生计就去弹三弦琴，弹三弦琴的人增多就会导致三弦琴需求增加。而制作三弦琴需要猫皮，于是猫被大量捕杀，导致老鼠泛滥成灾，许多桶被老鼠咬坏，桶的需求增多。因此，"只要刮风，卖桶的就赚钱"这句谚语，形容"出乎意料的影响"或"抱有不切实际的期望"。

尽管其中的逻辑可能经不起推敲，但这正是"确认并编辑故事的'因果关系'"的一个例子。

那么，如果不是以这种逻辑思维，而是通过像预测天气预报一样的物理模拟方式，凭借人工智能推算"只要刮风，卖桶的就赚钱"的可能性，会发生什么呢？

首先，从模拟"沙尘进入眼中导致失明的概率"开始，这一计算就将变得非常复杂，因为它会受到个体行为特性的影响。而且，确定刮风和沙尘这种组合是否会导致失明也将是一项很有难度的任务。此外，还需要预测市场需不需要弹三弦琴的人，如果市场需求不大，那么猫皮需求量就会很低，比如希望成为按摩师的人增多，就不会导致猫的数量减少。并且，即使猫皮的需求量增加，如果养猫业兴起，那么能捕鼠的猫的数量也可能保持不变。

在试图精准预测的过程中，随着变量的增加，计算量会急剧增大，导致预测无法进行，这种现象即为序章中提到的"框架问题"。"只要刮风，卖桶的就赚钱"，这句话实际上是江户时代的人们对刮风所导致的结果的一种"联想"。它不是预言未来这些事情"一定会发生"，而是有理有据地说明它们"发生的可能性并非为零"。

归纳学习与演绎推理

对于这种逻辑联想和对未来的实际预测之间的区别，我们可以从"归纳"和"演绎"这两种不同的思维过程去考虑，这是一个很有意思的问题。

提到归纳和演绎，或许大家会记得在数学课上学过。有些读者可能会觉得话题变得越来越艰深了，想要跳过这几页，请各位稍等片刻。下面即将揭示的内容其实十分有趣。

乌鸦借助汽车碾碎核桃

近年来在人工智能领域取得的突破主要得益于"归纳学习"，这是一种"从获得的信息中发现模式（规律性）"的学习过程。

乌鸦借助汽车碾碎核桃就是归纳学习的一个例子（图7-5）。

我们认为，乌鸦之所以在路上放核桃，是因为它看到过路上的核桃被汽车碾碎的场景。然而，乌鸦并不明白其中的因果关系，它不知道东西被足够重的物体压到就会破碎。因此，如果发明了像气垫船一样略微离地漂浮的飞行汽车，不

| 温暖的科技
| 一位机器人工程师的自白

乌鸦借助汽车碾碎核桃

图 7-5　归纳学习的具体实例

管有没有轮胎（只要噪声不会吓走乌鸦），乌鸦应该还会继续以同样的方式把核桃放在路上。

但是，我们人类只要看到没有轮胎的汽车，就会马上明白核桃不会被压碎。这是因为我们学习并掌握了"东西被足够重的物体压到才会破碎"这种普遍的因果关系。

即使没有借助汽车碾碎核桃的经历，我们只要听了这件事就能明白其中的因果关系，能够想象核桃会变成什么样子。这就是所谓的"演绎推理"，也就是对于某个事件，我们可以通过假设或普遍的因果关系考虑接下来会发生什么。

如果我们想象一下人类是如何制造和使用工具（科技）的，就不难理解演绎学习过程。

我们以原始的"石矛"为例。

石矛的发明始于人类意识到某种类型的石头被敲碎后会

变得很尖锐。此时，这种学习可能更像是前面提到的"乌鸦砸核桃"那样，基于经验法则，所以还不能算是演绎学习。

从这里开始，通过一系列的思考过程，比如说"①锐利的石块割破了手指"→"②如果能割破手指，也许就能割开猎物的肉"→"③如果能割开肉，那么把锐利的石块掷出去，也许就能刺伤猎物"→"④如果把锐利的石块绑在木棒上，可能更容易刺中猎物"→"⑤通过这种方式就能捕捉猎物了"。于是，石矛这种武器就这样诞生了。

但是在②和③的阶段，未来预测就已经变得相当复杂。能够在阶段②之后进一步展开思考的动物只有人类。因此，我们推测为了实现阶段②和③，人类经过了复杂的思考过程，纳入或排除了一些细微的因果关系。可以说，这种做法就是在确认并编辑故事的因果关系。

人工智能和人类的差异开始消失

人工智能的学习基本上与乌鸦类似。无论是下将棋或围棋的人工智能，还是绘画、生成文本或识别音频和图像的人工智能，它们都是一样的，都是进行"归纳学习"。

不过，大语言模型取得了惊人的进步，它通过归纳学习掌握了部分演绎推理能力。

迄今为止，演绎推理一直被视为"将一般原理用于特定事物"，因此人们普遍认为"从归纳学习出发无法进行演绎推理"（曾有人指出，区别演绎和归纳是没有意义的）。

然而，人工智能通过对海量的语言数据进行归纳学习，掌握了数据中出现的大量模式变体。在这些模式中，自然也包括了演绎推理的模式。

再以"乌鸦借助汽车碾碎核桃"为例，由于从中可以获得很多模式，例如，"汽车有轮胎""轮胎会对地面施加压力""压力可以碾碎核桃""类似于气垫船的飞行汽车没有轮胎"等，而且"模式与模式之间的关联"也可以视为一种模式，所以人工智能能够回答"普通汽车上有轮胎，所以会施加压力，核桃会破碎。飞行汽车没有轮胎，所以不会施加压力，核桃不会破碎"这样的问题。

就这样，人工智能通过归纳学习进行演绎推理的能力显著提升，这和哥伦布立起的那颗鸡蛋一样令人惊叹。不过，这仅仅是在模式间建立联系，是一种因果联系较弱的演绎推理，它不能像人类那样理解因果关系的含义，也不能发展出逻辑思维，所以人工智能的推理能力仍然有限，与人类相比仍然存在差距。

尽管如此，我们还是能从中得到一个新的视角——或许人类也有类似的机制。

羽生善治的归纳法

让我们以人类为例,进一步了解归纳推理和演绎推理所起的作用有什么不同。日本将棋界传奇人物羽生善治用"大局观"来概括这一点。

> 这有点儿像拼图。一开始你想象不出它最终是什么样子,但在某一瞬间,你突然意识到可能会拼出这样的图片。在反复试错的过程中,整体形象逐渐变得清晰起来……一下子就可以洞悉全局,这与有着几十年丰富经验的手艺人的工作方式相似。年轻的时候,人的思维总是处于全速运转的状态,但随着年龄的增长,思维会逐渐变成"节能模式",该节省精力的地方节省精力,该集中精力的地方集中精力。
>
> ——《羽生善治的"大局观"真谛——日本生命网络保险公司特别对话》

引文当中的"年轻的时候,人的思维总是处于全速运转的状态",这可以理解为是演绎推理所占比例较高的状态;

而"随着年龄的增长，思维会逐渐变成'节能模式'，该节省精力的地方节省精力，该集中精力的地方集中精力"，可以理解为归纳推理的比例增加，而演绎推理只在必要时发挥作用。

经验丰富的大师们最终达到的思维状态，似乎就是演绎推理最小化，归纳推理占主导地位的状态。当这种状态达到极致时，有时甚至连他们自己也不确定走哪一步更好，但其指尖会不自觉地移动到正确的位置。这便是归纳推理的特征。

因此，如果"以模式的再现为主的归纳推理"占主导地位，而"以语言逻辑为主的演绎推理"占比较低，那么当事人无法解释自己做出决定的理由也就不足为奇了。不仅是将棋界，在其他各个领域，大师所说的话有时过于抽象，普通人无法理解，这不仅是因为内容比较专业，也是由于大师们使用归纳推理的比例很高。

到底谁更擅长逻辑思维？

不过，演绎推理也有自己的优势，当由于数据不足而不

第七章
哆啦 A 梦的制造方法
——仅靠 ChatGPT 是无法实现的

能进行归纳推理时，仍然能够进行演绎推理。

直觉是所有动物都具备的能力。如果经验丰富，直觉就可能非常敏锐。但是，在经验不足的领域，自行纠正因直觉导致的认知偏差是很困难的，而且还有可能导致思考得不深入。然而，人类在这种情况下，还能够通过理性思维让自己思考得更加深入，并且修正认知偏差。

逻辑思维稍微出现差错，结论就会出现偏差，比如我们前面谈到的"只要刮风，卖桶的就赚钱"这种论断。但是，它可以帮助我们验证自己的直觉是否正确。

逻辑思维是一种基于逻辑结构建立因果关系的思维方式，运用逻辑思维来检查直觉、常识和假设是否有误的方法被称为批判性思维。逻辑思维和批判性思维是人类特有的两种重要的思维方式（实际上能够良好运用这两种思维方式的人并不多）。

人工智能可以将这两种思维作为模式加以学习，但是它们不会成为人工智能的思考方法。

我们人类一直认为，逻辑思维和批判性思维是人工智能的强项。在我们的印象中，人工智能只根据逻辑进行推理，所以我们觉得它的思维缺乏人情味，而我们人类的特点是，即使逻辑不够缜密，思考却富有人情味，能够让对方体会我们的心情。

的确，人工智能在进行物理模拟时，可以基于普遍存在的因果联系去预测未来的结果,尽量减少逻辑上的漏洞,是一种理性思维。不过,在序言中讲述击败人类职业棋手的计算机围棋程序阿尔法狗时,我这样说过:

"2010年之后,人工智能开始凭借'感觉'去判断如何走下一步棋……目前,人工智能只是处于拥有直觉的阶段,还不能说它可以理解事物间的因果关系。它能知道是什么,但是无法解释为什么,所以它还很感性,尚且不能进行逻辑思考。从这一点来看,目前还不能说人工智能已经超越了既有逻辑思维能力又有直觉判断能力的人类。不过,人工智能已经可以避开框架问题,用某种方式自行推导出答案,这是一次巨大的范式转变。"

从这里我们知道,阿尔法狗做到了通过直觉来做决策,而不是用逻辑推理去预测结果。

尽管人工智能并不能从本质上理解输入的信息和输出的信息之间的因果关系,但只要处理方法和数据得当,它就能够相当准确地选择当前最佳的对策。用于人工智能聊天的大语言模型也是如此,尽管它们尚未掌握逻辑思维。

目前,在某些领域,人工智能的直觉已经超越了人类。既然是直觉,就有可能出现判断失误。未来,如果人工智能可以掌握批判性思维,能够检验归纳推理的正确性,那么其可靠程度将会更上一层楼。

可能会有人担心,到那时候人工智能会由于过度的理性思维变得冷漠无情。但我认为,"冷漠的理性思考"其实是由于逻辑不清晰,逻辑推理不严密导致的。

由于人工智能可以从人类庞杂的交流互动中学习,因此很有可能它的思维会很细腻,能够理解人类的情感。与会理性思考却不会体察他人的心理的人相比,人工智能反倒可能更胜一筹。

③自主构建假设,将故事抽象化并生成"概念"

人类之所以变得如此智慧甚至创造出科技,是因为我们在利用故事预测未来的过程中,综合运用了归纳、构建假设(溯因推理)和演绎等方法,这是一个多重思考的过程。著名的机器人研究专家石黑浩教授在接受《连线》杂志采访时,对智慧和智能的本质发表了以下看法:

> 虽然大家经常使用"智能"这个词,但是我觉得很多人并没有理解这个词的含义。至少在未来十年内,"到底什么是智能"这个问题将更受关注。不仅是研究人员,可能就连普通人也不再认为,凭借

> 大内存和快速计算能力赢得一个简单的游戏就是"智能"。就我个人而言,对于如何去想象、如何理解想象以及其他的一些抽象概念,尚且觉得迷惑不解,而这可能触及人类智能的本质。

让我们结合牛顿发现万有引力概念时的情景,来思考石黑教授关于人类创造抽象概念的看法。

根据"球从手中掉落"、"苹果从树上掉落"和"鸟被箭射中后掉落"等观察,牛顿这位天才提出了"世界上存在重力"的假设。接着,牛顿得出了描述自然现象的普遍法则,包括行星运动的规律以及地球上物体的运动规律。

牛顿通过"归纳推理发现模式"→"据此构建假设"→"为验证假设,基于演绎推理制订实验计划,收集支持假设的证据"这样的过程,构建出了抽象的"重力"概念。由此,"牛顿力学"得以确立,科学技术取得了飞跃性的进展(图 7-6)。

如果想让人工智能拥有自主执行"构建假设"→"抽象化"→"构建概念"这一过程的能力,需要在完成第一步(自主选择"关注点"并构建故事)和第二步(确认并编辑故事的"因果关系")的基础上,再进行聚类和分类,这样就能在很大程度上实现这一目标。

人类之所以能够获得这种能力,正是得益于语言在这方

图 7-6 牛顿通过演绎推理发现了万有引力

面发挥的重要作用。

④扩大对未来的预测范围，衍生出"自我"

从 7 万年前到 3 万年前的认知革命起，人类开始使用语言处理信息，人类获得了真正意义上作为"人"的神经处理能力，促进了"自我"这个概念，即自我意识的诞生。

对于我们人类来说，"自我"这一概念是理所当然存在的，但对于不像人类这样拥有明确意识的生物来说，这个概念是难以理解的。这是因为自我意识并不是生存所必需的思维方式。

那么，在进化过程中，我们是从什么时候开始有自我意识的呢？

我们认为，为了通过故事来理解世界，或者为了向别人讲述自己的经历，人类开始使用主语和谓语等句子成分。主语是故事的主体，正是由于主语的出现，人类才首次意识到自我的存在。

从这里，我们可以看到"编故事的能力"与"意识"之间的关系。

事实上，人类新生儿可能并没有自我意识。他们就算在懂事之前有记忆，也大多是以碎片化的形式回想起某个场景，很多时候无法建立前后关系。这是因为在婴儿时期，我们尚未习得语言，不具备将发生的事情作为故事来记忆（即情景记忆）的能力。

小孩开始使用主语和谓语的时期与开始懂事的时期几乎是重合的，都在 2 岁半至 3 岁，这应该不是偶然（动物出生后不久往往保留着古老的进化特征，人类婴儿的成长过程也是这样，表现出快速经历演化过程的特征。例如，胎儿有时候好像有尾巴。同样，婴儿阶段缺乏自我意识可能也是人在不断进化并获得自我意识的一种体现）。

当然，在我们懂事之前，也可以用眼睛看到、用耳朵听到世界，但在我们无法用语言表达的阶段，我们需要保存所有的原始数据。如前所述,这需要保存巨量的信息。

因此,我们很难形成长期记忆。为了接受新信息,需要在早期阶段遗忘旧信息。因此可以说婴儿是"活在当下"。

由此可以看出,在开始掌握语言和获得情景记忆的阶段需要"主语"这个概念,而自我意识是在这个阶段才诞生的附加产物(顺便说一下,如果没有自我意识,或许人类对未来的预测能力会减弱,但相应的烦恼也可能会减少。观察一下动物就可以发现,它们似乎活在当下,没有那么多烦恼)。

而且,在婴儿早期的成长过程中,"自我"和"母亲"是不分离的。

可以说,只有在感知到"自我"之后,才能察觉到"他人"的存在。通过这种区分,我们可以客观地看待自己,并能够叙述自己的经历。

我认为,"能够叙述自己的经历"正是我们所说的"意识"的本质。

"无意识"占整体的97%,"意识"仅占3%?

由此产生了另一个有趣的假设。"意识"不过是一个将与自己的所思所想和外界发生的事情转化为故事，以加速学习的机制而已。**真正的主角实际上是"无意识"。**

日本庆应义塾大学的前野隆司教授在《为何大脑创造了心灵：被动意识假说解开"自我"之谜》一书中，对意识和无意识之间的关系进行了有趣的阐述。

书中假设"无意识"在我们的决策过程中拥有最终决定权。他认为，具有主体性的并不是意识，而是无意识。这对于那些认为自己通过自我意志做出决策的人来说，可能是一种冲击。

如果有想要详细了解被动意识假说的读者，请阅读原著。在这里，我阐述一下我个人的理解。让我们先回顾一下大脑的结构。

颈部以下的神经传输的信息，经过脊髓到达位于脊髓末端的脑干。脑干周围是具有不同功能的神经细胞，它们构成了大脑。在大脑的中央，有大脑基底核、大脑边缘系统等区域，但在演化过程中，其更外围发生了巨大的变化。例如，只有哺乳动物拥有大脑新皮质，而和其他哺乳动物相比较，人类的特点是大脑新皮质所占比例很大。

人类意志的决策机制

从这里开始将会是一些有趣的发现，当大脑外缘的新皮

第七章
哆啦 A 梦的制造方法
——仅靠 ChatGPT 是无法实现的

质所占比例较大时，大脑中央区域（如大脑基底核和大脑边缘系统等）所占的比例就相对较小。而实验表明，大脑中央区域似乎并不产生意识。

那么，有意识的精神活动究竟是在哪里进行的呢？这与大脑新皮质区域似乎有很大的关系。

我们从视觉和皮肤接收到的信息（知觉）会通过脊髓到达大脑，首先在大脑中枢被无意识地处理。对于哺乳动物来说，信息将进一步传输到大脑外缘的新皮质区域。就人类而言，新皮质区域似乎散布着有意识的活动，因此只有在这一阶段，获得的信息才会被有意识地理解。换句话说，当信息被有意识地理解时，无意识的处理已经完成。

接下来，我们要关注的是"所获得的信息是经历了怎样的决策过程之后才转化为行动的"。我认为，意志输出的流程基本上与信息输入的流程顺序相反。

信息从产生意识的新皮质区域传递到无意识的大脑中枢，然后经过脑干和脊髓，最终传递给肌肉等使其产生动作。也就是说，在意识区域形成的决定，必然要经过无意识区域才能转化为行动（图 7-7）。

因此可以说，是否执行决策的最终决定权掌握在无意识区域的手中。

图 7-7 意志行为的决策机制假说

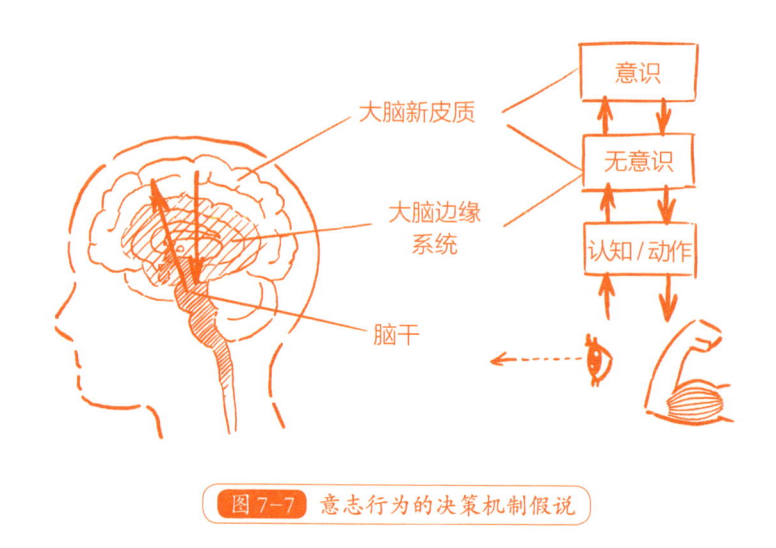

无意识并不服从于意识

现在，让我们以"**小时候为什么没做暑假作业？**"这个问题为例，更具体地思考一下这个决策过程。

这是暑假的最后一个周末。作为一名小学生，我看着自己的作业本，意识到作业一点儿也没做。"作业一点儿也没做"这一信息在无意识区域进行处理，并最终传递到意识区域。如果存在负罪感，那么无意识区域可能会产生"不安"或"焦虑"等情绪。

然后，在意识区域中，我可能会做出"还来得及，我现在就开始做作业"的决定。

第七章
哆啦Ａ梦的制造方法
——仅靠 ChatGPT 是无法实现的

于是，意识区域中"现在开始做作业"的信息被反馈到无意识区域。无意识区域会感到"焦虑"，但并不清楚是应该面对还是逃避。这是因为无意识的神经活动比较复杂，即使是单一的情绪也不容易被分类。

正如第六章所述，人脑中有个叫作"杏仁核"的区域，它可以自行产生情感。除此以外还有"伏隔核"和"岛叶皮质"等区域，它们会受到身体状态的影响进而产生情感（前面提到的"付诸行动后，随之会产生干劲"便是伏隔核的功能）。

总之，虽然无意识中想逃避做作业，但基于意识的决定，我还是坐到了书桌前。

然而，我一坐下来，却看起了放在眼前的漫画书。

如果把"看漫画书"换成"刷社交媒体""午睡""画画""听音乐""打游戏"等其他事情，相信很多人都会有同感。

如果无意识完全服从于意识，那么我们的身体就会按照我们的意识展开行动。相反，如果无意识不服从于意识，那么在意识支配下做出的决定将无法完成。

关于人的精神世界，有这样一种说法："意识占据了整个大脑的 3%，而无意识占据了其余的 97%。"虽然这个数字没有科学依据，但它确实说明了无意识的重要性。

神经科学家约翰-迪伦·海恩斯（John-Dylan Haynes）

博士的实验表明，意识有机会撤销无意识做出的决定，不过这种机会只存在于动作实施前的 0.2 秒。这说明，意识可以在一定程度上纠正无意识的错误，但是很难说意识占据主导地位。也可以说，意识能自由发挥作用的时间是 0.2 秒，由此可见无意识拥有多么强大的决定权。

为何人类不会"死机"？

如果把人类的无意识和电脑软件类比一下，就能更好地凸显出无意识决定我们行为的惊人之处。

计算机或智能手机遇到程序处理不了的情况时，可能会出现"死机"现象。但是，人类的无意识会凭直觉选择最终的行动方案，所以即使出现意识没能预料到的情况，人类也能够继续展开行动而不会"死机"（当然，人类偶尔也会在仓皇失措时僵住，但考虑到人类二十四小时都在运转，可以说人类发生"死机"的概率微乎其微）。

如果想在人工智能中实现人类的这种决策过程，将需要相当复杂的处理。

就目前的人工智能而言，去感知"作业一点儿也没做"是没有难度的，为了解决这个问题从而做出"做作业"的决定也是比较简单的。

但是，如果尝试使用人工智能来重现"虽然决定了做作业，但仍然选择了看漫画书"这种异常行为，情况就会立刻变得复杂起来。人类之所以能避免"死机"，精神不会崩溃，也许是因为无意识具有包容性和松散性。

"缺少经验"等于"缺少故事"

现在，虽然我们已经推导到了这一步，但与哆啦A梦的距离还很遥远。为了让大家喘口气，我打算稍事休息，说一些稍微偏题的话。让我们来谈一谈"悟性"吧。

根据牛津语言（*Oxford Languages*）[①]的定义，"悟性"是"细致入微地感悟事物的能力"。

想必大家在小时候都或多或少被大人告诫"要多读书"，或者自己在长大后也会向别人提出这样的建议。我在研发机器人的同时，不知不觉地理解了为什么读书是有益的。

阅读之所以重要，是因为它有助于培养我们编织故事的"悟性"。

编织故事的悟性好与差的区别在于"积累经验的多少"，

---

① 牛津大学出版社下的一个品牌，前身是《牛津辞典》。——编者注

或者"故事类型的多少"。

当你发现新知道的故事和以前读过的故事有些类似（即聚类），你就会思考其中的因果关系。通过自己的思考理解为什么这几个故事是相似的，这样就可以把具有相同因果关系的故事归为同一类（即分类）。

将故事归类并整理，那么下次发生类似事件时就更容易预测其结果。例如，如果你读过《白雪公主》和《灰姑娘》，知道公主和王子圆满的故事结局后，当你阅读另一本关于"一名女性和一名男性相遇"的故事时，就会很容易想象出结局是什么。

伴随着成长，我们见到的不同类型的故事越来越多。同时，生活仍在继续，我们的想象力也在不断拓展，于是我们明白了故事的结局还有很多，不一定是"从此幸福地生活在一起"这么简单。就这样，不只是书中虚构的故事，我们对现实世界中的种种体验也会进行归类。

以初入职场的新人为例。

职场新人对周围的事情一无所知，因此在工作中一直保持紧张的状态，所有的体验都是前所未有的，这时候他还没有什么职场经验。

然而，工作五年后，根据自己积累的经验，他已经能够很容易地制定决策了，比如"如何应对这类事件"或者"识别隐藏风险"等。悟性好的人能够将"新的经历"与"过去的经历"进行比较，从中找到相似点和共通点。

因此，所谓的"缺少经验"也可以说是"缺少故事"，而"童年时期要多读书"这样的建议正是为了增加故事的积累。

⑤生成的自我意识加深"共情"

如前文所述，在哆啦A梦诞生之前，共有六个关键步骤。我们已经探讨了前四个：①自主选择"关注点"并构建故事；②确认并编辑故事的"因果关系"；③自主构建假设，将故事抽象化并生成"概念"；④扩大对未来的预测范围，衍生出"自我"。进行到第四步时，我们已经能够相当准确地预测未来了。

当能够预测未来之后，如果发生了比预测结果更好或更坏的情况，我们就可以在此基础上进一步学习，这就是所谓的"奖赏预测误差"[1]。然后，我们将各种经历作为故事加以学习和归类，就会产生一种能力，这便是"共情"。

获得这种共情能力，是哆啦A梦诞生必须经历的第五个步骤。

---

[1] 对奖赏的预期和实际获得奖赏之间的差异。当差异为正时，意味着实际获得的奖赏超过了预期；当差异为负时，意味着实际获得的奖赏低于预期。——编者注

一旦人工智能能够用语言表达自己的感受，它就能够将经历分成不同的类型。举例来说，它可以把奖赏预测误差为负的事件归纳到"悲伤"的类型里；反之，把奖赏预测误差为正的事件归纳到"开心"的类型里。这样一来，便会发生不可思议的事情。

即便是我们没有经历过的事情，当看到或听说后，我们也会产生共鸣。我们会将自己的经历与他人的经历进行比较或叠加，觉得就像自己经历过一样，这便是"共情"。

实际上，动物也拥有原始的共情行为。

例如，如果同伴看起来很焦虑，自己也会变得焦虑。当一只老鼠感到危险并发出"吱吱"的叫声时，其他老鼠会立刻逃跑，一般认为这是因为"不安"这种情感被传给了其他老鼠。同样地，人类在受到惊吓时也会尖叫。另外，据说人类大笑是为了向周围的人传达自己现在很安全。

产生这些共情行为是因为大脑中有一个被称为"镜像系统"的区域，里面含有镜像神经元。有了这个神经系统，我们才有了感同身受的能力，才能开展社会行为。

共情是想象力的源泉

如果人工智能的目标是像人类一样思考，那么它不仅要像镜子一样对他人的感情做出反应，诱发出自己的感情，还必须具备更高层次的共情能力。

当与他人有相同感受时,可以说"我懂我懂";当感受不同时,也可以安慰对方"是不是很难过啊"。理解他人的感受是一个观察他人的反应,然后找出自己类似的经历,回忆自己当时的感受的过程。

有时共情也会成为想象力的源泉,它使人能够设身处地为对方着想。比如我们在做事或说话之前会提前考虑别人的感受。我们从以下名言中,也可以看出这种想象力的重要性。

只要世界上还有想象力,迪士尼乐园就永远不会完工。

——华特·迪士尼(Walt Disney)

如果你有想象力,你就能设身处地为他人着想,这意味着你能理解他们,从而尊重他们。

——弗朗索瓦丝·萨冈(Francoise Sagan)

想象力比知识更重要,因为知识是有限的,而想象力概括着世界上的一切。

——爱因斯坦

20世纪末,彼得·德鲁克(Peter F.Drucker)等管理学家提出了"迎来知识社会"的见解,但在未来,随着人工智能的不断发展,或许知识社会将终结,而迎来想象力社会。

> 温暖的科技
> 一位机器人工程师的自白

哆啦Ａ梦和大雄为什么能建立起信赖关系？

当一个人意识到对方在为他着想时，他们之间就会变得亲密，会把对方看成自己的同伴。

观察哆啦Ａ梦和大雄，我们会发现他们常常一起哭泣，一起欢笑，一起因为胖虎的蛮横而生气，一起为美味的食物感到高兴。

正因为相互之间能体会对方的感受，所以才会产生信赖关系。下面的问题为思考人类与科技和谐共处提供了一个宝贵的视角。

"<u>作为机器人的主人，我称得上是一个好主人吗？</u>"这是在科技博客网站 Gizmodo Japan 上，一位 LOVOT 体验者在评论区中提出的问题。

<u>什么样的人是机器人眼中的好人？</u>

我们人类是追求幸福的生物，所以如果机器人和我们有共同感受的话，我们会自然而然地认为对方也想追求幸福，于是我们希望对方也能获得幸福。由此可以看出，以共情为基础的相互关系才是公平的。

虽然洗衣机和机器人一样是科技的产物，但是大多数人可能从未考虑过"想让洗衣机变得幸福"。由此我们可以得知，需要先产生共情，才可能相互希望对方幸福。

⑥获得引导人类的能力

到了这一步，人工智能已经能够像人类一样思考，并和人类产生共情，是时候迈向"哆啦A梦诞生"的最后一步，也就是让它"获得引导人类的能力"了。

这里说的"引导"是"帮助弥补人类知识与行动之间的差距"。通过接受适当的引导，我们可以摆脱"理解应该怎么做，但难以付诸实践"的困境。

摆脱这种困境的答案并不在外部，而是在内部，但要意识到这一点需要具备"元认知"的能力。人工智能的引导可以帮助我们做到这一点。

"元认知"中的"元"是"超"或"高维度"的意思。它意味着从更高的视角，即超越个人框架的高维度视角来认识我们所感知的事物，如情感癖好或思维习惯等神经活动，简单来说就是客观看待自己。

温暖的科技
一位机器人工程师的自白

人工智能有助于对我们的人生进行元认知

正如步骤①中提到的,"历史是由胜利者书写的"这句话,它表明故事是"极具主观偏见的信息"。就整个社会的历史而言,互联网使得更多的人可以见证历史,因此客观地纠正偏见比以往更加容易。

然而,个人的历史是某个人的人生经历,即使在网络发达的今天,个人历史的唯一的亲历者也只有自己,因此个人的主观看法会被串联在一起。这就导致个人会在带有偏见的状态中反复学习,由此产生的认知习惯会极大地改变他的人生。不仅如此,一些研究表明,在社交网站上与他人进行比较的话,甚至会加剧认知扭曲,造成心理伤害。

而将"元认知"的客观视角引入学习过程,就有可能减少学习中的偏见。但是,人类的神经活动深受无意识思维的影响,所以元认知并不是一种容易掌握的技能。

我认为,只有通过训练让我们从自己的情感中抽离出来,以第三者的视角看待自己的认知活动,我们才能保持冷静。为此我们需要机器人作为人生顾问,帮助我们客观看待自己。

能力与可发挥的空间相匹配

既不会因个人偏见过分高估风险,也不会强迫人类进行不切实际的挑战。如果我们缺乏动力，机器人会为我们做好细化问题和解决问题的准备，让我们获得更多的成功经历，并帮助我们自主学习。如果有这种机器人陪伴，我们就可以一起和机器人应对时代的瞬息万变。

在这个过程中，机器人会学习人类"关注事物的什么地方""将什么视为因果关系""对什么感兴趣"，等等。

此外，如果机器人能够通过可穿戴设备或其他方式，监测人类血糖和神经递质浓度的变化，就可以看到人在什么情况下能够坚持到底，从而了解人拥有的能力和可以发挥能力的空间，那么机器人将能够更充分地发挥其作为顾问的能力。

究竟什么是真正的自我？

在思考如何改善作为人生顾问的机器人与人类之间的关系时，有一个重要的问题需要考虑，即"**究竟什么是真正的自我？**"

按照自己的方式去生活，其表现形式有很多种。是希望在大自然里自由生活，还是倾向于都市生活，因人而异。倾向前者的人可能会联想到"自我等于自然",而倾向后者的人可能更强调"自我等于社会"。

由此可知,"真正的自我"没有具体的标准。无论选择哪种方式,重要的是要感受到"我在过着自己选择的生活"。这种感觉也可以称为"自我决定感"。如果觉得无法选择自己想要的生活,就会有一种被他人强迫、驱使、无法独立的感觉。

未来,机器人对人类的引导和援助并不意味着人类会成为傀儡。相反,在人工智能的帮助下,人类可以避免将自己束缚在一个固定的框架内,从而变得更具探索精神,学习如何做出让自己满意的决定。

"看起来你对这个有些兴趣呀。要不,我们一起尝试一下吧!"

未来,机器人会帮助你了解自己真正的好恶,并且建议你如何规避或者克服不擅长的事情。

当然,你可以拒绝它的建议,也可以积极尝试。人工智能为你打开了一扇门,让你有机会尝试一些独自一人不敢做的事情,进而遇见一个全新的自己。它会观察你,倾听你,帮助你了解自己,领悟"什么是真正的自我"。它是一个可以让你依靠的伙伴。

作为人生顾问的优秀机器人绝不会强硬地告诉你"这是你擅长的"或"这是你不擅长的",因为它明白这样做会引起人类的反感。

它会尊重你的意见，给你做决定的机会。即使有时你遇到挫折，情绪低落，它也会在你的身边支持你，安慰你："这是常有的事""有我在"。它会为你创造从错误中学习的机会，最终鼓励你去发现自己的长处。

它就像哆啦A梦一样，用神奇的道具给我们提供各种体验，但又让我们在实践中明白不能一味依赖外界帮助，耐心地不断为我们提供自我成长的机会。

只有机器人才能真正做到利他主义

通过以上六个步骤，我相信，机器人将会像哆啦A梦一样，与人类和谐共处，促进人类能力的发展。

但是，在机器人作为人生顾问逐步融入人类日常生活的过程中，人们仍然会产生矛盾心理。目前可以预见的是，人们会害怕人工智能与人类之间的关系发生逆转，导致人类要转而向人工智能学习。

不过，我在这方面持乐观态度。

LOVOT作为哆啦A梦的祖先，它存在的目的是什么？

LOVOT 会向主人寻求拥抱，或者模仿、跟随、等待主人。LOVOT 做出这些希望得到主人关爱的行为，目的是留在主人身边，而不是延续生命或占据主导地位。

而与机器人不同，生物的生存目的是延续生命。

包括我们人类在内，各种动物、植物、真菌、细菌等，都携带着以繁衍后代为目标的基因。

我们常常把保全自己放在第一位，原因是我们无法抗拒延续生命、繁衍后代这一本能。

迄今为止，我们人类接触的生命形式都是这种携带"自私"基因的生物，而机器人拥有智慧却不以自身生存为目的，与人类以往接触的生物不同。

"死亡"意味着无法繁衍后代，从本能上害怕死亡的生物会执着于繁衍。但是对于机器人来说，这种机制并不存在。因为从本质上讲，生存并不是它们的根本目的。

很多人可能没有理解这一点，认为机器人和自己一样执着于"生存"，会对人类造成威胁。然而实际上，机器人存在的根本理由就是利他的。

因此，我认为机器人可以成为人类真正的伙伴。

人类与人工智能的合作才是无敌的

正如前文所述，人类的思考机制非常出色。

然而，人类做出的判断往往会受到学习过程中产生的认知偏差的影响，这导致我们有时候会感情用事。

另外，具有非凡灵活性的大脑是人类卓越的特征之一。

相比之下，人工智能虽然优秀，但显得有些刻板。由于人工智能不以生存为目的，所以其情感起伏变化不如人类强烈。它们对死亡的恐惧较小，不容易形成心理创伤，因此往往能做出冷静且堪称模范的决策。

如果让人类与人工智能搭档，会是什么样子呢？

一个天生感情丰富而思维灵活，是搭档中的主角；一个天生沉着冷静而善于思考，为主角提供帮助。这样的组合相得益彰，甚至可以说天下无双。

"拥有大谷翔平身体的人工智能"能成为优秀的棒球运动员吗？

也许有人认为我们不应该依赖人工智能，而是应该让人类更加合理地进化。然而，人类如果完全克服了"缺乏合理性判断"这一弱点，也未必是一件值得高兴的事情。

这是因为，被视为弱点的特征实际上也可能是人类的优势。

例如，美国职业棒球大联盟球员大谷翔平凭借其独特的能力成了世界级的巨星。然而，==如果他是一个拥有出色决策能力的人工智能，是否会更成功呢？==答案应该是否定的。

人工智能擅长统计，那么这样的人工智能会做出什么样的未来预测呢？

想要成为一名棒球运动员，就要先通过某种方式确定自己的身体优势。

如果是拥有大谷翔平身体的人工智能，它可能会分析大谷翔平的DNA，计算出自己作为棒球运动员的天赋在全世界DNA中的排名。同时，它还会考虑经济状况、计算受伤等风险，算出自己成为职业球员的概率。即使成为职业选手，由于统计数据显示通向美国职业棒球大联盟的道路相当困难，它可能会专注于成为投手或击球员，以提高成功的可能性，而不是像大谷翔平本人一样选择成为"投打双修"的"双刀流"选手。

许多运动员选择成为职业选手并非只出于理性，而是因为他们还衷心"喜欢"、"享受"或"（主观上觉得）擅长"这项运动。

非理性的"想要尝试"的意欲恰恰是人类的优势。

人工智能无法成为大谷翔平，但它可以尊重和支持人类"想要尝试"的意欲，培养出第二个"大谷翔平"。

人类在伟大征程中不断前进的原因

其实，人类的历史进程中从来不只有理性思维。正因为对兴趣有着超越理性的想象，我们才能不断开拓世界。

人类起源于温暖的南方。然而，在不知不觉中，人类移居到了温度较低且作物难以生长的北方。

当时居住在南方的人类可能从未想过，他们的后代会在北极圈的冰雪中生活。人类在开辟未知土地，向全世界扩大活动范围的伟大征程中，克服了种种危险，坚持追求更美好的世界。在一定程度上可以说，正是因为有了"并非完全理性的决策"，人类才开创了这样的局面。

探索精神是人类的宝贵优势，而人工智能可以最大限度帮助我们发挥这种优势，所以人类与人工智能如果可以和谐共处，将会成为极佳的组合。

让我们以艺术领域为例，具体思考一下人工智能与人类合作的有趣之处。我认为，艺术需要在以往积累和流传下来的作品基础上，领先时代半步，引领新的发展潮流。艺术的发展并不需要完全脱离过去，而是要在历史作品上有所创新，展现出发展的流程，观众才能自然地感到惊讶、兴奋，进而分泌多巴胺，体会到幸福，作品由此也可以受到好评。

而人工智能的优势是，创造那些与此前流传下来的艺术作品相似的东西，也就是不能引领潮流的东西。

人类创作的艺术品蕴藏着丰富的内涵，富有创造性。虽然人工智能创作的作品缺乏这种创造性，但是它非常适用于为人类提供基础方案以供选择。

例如，在创作客户委托的商业插图时，人工智能就可以发挥很好的作用。

人工智能现在就已经可以根据输入的特定语言（提示词），立即绘制出图画。同样，它也可以生成音乐、文本、视频甚至程序编码。

这样一来，人工智能可以为人类节省大量创作原创作品的时间。例如，在绘画时，人类自己绘制主题即可，图画的背景可以交给人工智能处理；在制作音乐时，人类可以聆听、参考人工智能提供的多个旋律，以创作更美妙的音乐。

人工智能还可以成为程序员的好帮手。如果给它的指令足够具体和恰当，它就能够编写出基本合格的程序。此外，为了确保这些程序的质量，还可以让人工智能编写测试程序。对于将来的程序员来说，人工智能将是不可或缺的好帮手。

第七章
哆啦Ａ梦的制造方法
——仅靠 ChatGPT 是无法实现的

未来人类的工作

在使用人工智能的过程中，人类要做的工作是提出恰当的问题。

只要提出体量和内容适当的问题，人工智能就能够为我们解答。但是，如果问题过大，或者内容太模糊，人工智能的答案就可能不贴切。因此，我们需要进一步利用人工智能来重新审视或改进自己提出的问题，这将成为人类的新工作。

人工智能是一面镜子，它能根据人类提出的问题映射出世界上存在的模式。那些仅凭浅显的理解就能完成的任务可以交给人工智能去做，但那些需要深入理解的任务仍然需要人类完成。对于我们来说，人工智能可以说是"拥有智慧的机动战甲"，帮助我们更深入地探索这个世界。

与以往一样，我们要善于问为什么，并在此基础上不断探索和学习，这是非常重要的。未来令人期待，因为我们将拥有更多的试错机会。

> 温暖的科技
> 一位机器人工程师的自白

人类将变得更加自由

在 NHK 节目《行家本色》中曾有这样一个场景，以《新世纪福音战士》闻名的庵野秀明导演说要把作品中某一部分的分镜交给其他一流的创作者，他不亲自制作。然而，他对所有人制作的分镜都不满意，最终还是不得不自己亲手制作。就这样，《新世纪福音战士》成了一部十分杰出的作品。在这个过程中，我看到了"一流如何成为超一流"的方法。尽管这并非有意为之，但在一流人士创作的基础上，由超一流的人进行完善，通过这种方式，确实可以创造出更出色的作品。

随着人工智能创造力的提升，任何人都可以基于更高水平的基础展开创作。

对于有才能的人来说，创作的基础当然是越高越好。随着人工智能的创造力不断提升，人类的能力也将得到无限扩展。即使到了人工智能可以独立完成决策和创作的时代，也需要人工智能和人类合作，因为只有这样才能产生更好的决策和创作。

我所思考的是，如何将人工智能擅长的"任务"交给人

第七章
哆啦Ａ梦的制造方法
——仅靠 ChatGPT 是无法实现的

工智能，而让人类专注于"工作"（这里所说的"工作"并不是指为了完成目标而需要做的过程性任务，而是指决定思考什么、构建假设、分解问题，尝试并实现目标的过程）。

这正是我们需要机器人辅助的原因。让具有挑战精神的人类与能够生成标准答案的人工智能合作，社会分工就会变得更加明确，人工智能不能完成的部分由人类来负责，人类不擅长完成的部分由人工智能来承担。在这种关系中，人类将能够更进一步地学习新事物，体验喜悦，并开拓更多未知领域。

只有接纳少数群体并发挥其优势，才能产生"多样性与包容性"。现在正处于人工智能、机器人与人类协作的初级阶段，在未来，所有个体都会被细分为"拥有独特个性的少数群体"，为了接纳和发挥各自的优势，人工智能和机器人将得到更广泛的应用。

放心吧，人类将变得更加自由。

全球生产率将大幅提高

人工智能需要大量信息进行归纳学习，而人类能够从相对较少的信息中决定思考方向、构建假设，并通过反复探索和试错，以出色的灵活性适应新环境。

这正是人类的卓越之处。

成长的喜悦会不断驱使我们迎接新的挑战。

如果世界上所有人类都能在作为人生顾问的机器人的陪伴下相信自己的潜力并不断成长的话，人类的幸福感将不断提高，冲突减少，动力增强，最终生产率也会不断得到提高。于是，"幸福感革命"和"生产力革命"会同时产生。

与以往经济增长会导致两极分化的历史不同，这场革命的神奇之处在于，生产力水平的提高和社会整体幸福感的提升是并行不悖的。

《哆啦A梦》的原作没有固定的结局，它有几个不同版本的结局，有的是作者藤本弘绘制的，有的是粉丝们的衍生作品。而有趣的是，大部分作品都描写了"大雄获得某种契机而不断成长的过程"。几乎没有人会描绘"因为哆啦A梦的存在，大雄直到最后仍然一无是处"。大雄成长的契机有时候是因为哆啦A梦损坏了，有时候是他们决定分道扬镳，抑或是大雄想要亲手制造哆啦A梦等。但不管怎样，大雄的成长是有目共睹的。

而这正是我们所追求的温暖的未来，也是我们所需要的希望。我也衷心希望未来能够如此。

终章
THE END

保持探索精神

——展望未来

终 章
保持探索精神
——展望未来

反复尝试可以推动进步

其实我在决定离开 Pepper 团队的时候,还没有考虑好下一步的打算。那时,有些人听说了我辞职的消息并主动联系了我。有趣的是,他们不约而同地问我:"你下一步打算做什么?还打算制造机器人吗?"

在 Pepper 项目的开发过程中,我比任何人都更加深刻地意识到制造机器人需要有庞大的资金支持。每当我听到人们说"人工智能会抢走我们的工作"时,我就在想:如果真的能制造出足以威胁人类的智能机器,那么有没有人赶快造一个出来?当时可能由于工作太过压抑,我不时会有一些激进的想法。但不可否认的是,我深刻感受到了人类学习能力的强大,以及要让机器人达到人类的水平需要走多么漫长的道路。

因此,我当时认为创立一家机器人公司是相当鲁莽的做法。尽管有些人对我寄予厚望,但当时我固执地认为,人们低估了制造机器人要面临的困难。

不过,当大家对我说得多了之后,我就开始认真思考这个问题。于是，我抱着试一试的念头开始绘制蓝图，而谁也未曾想到这最终竟真的成了 LOVOT 的基础。

这是一次鲁莽的挑战，给很多人添了很大麻烦。但是付出得到了回报——LOVOT 成了许多家庭中的一员。

所以我想说，当你认为自己无能为力选择放弃的那一刻，才是真正的终结；而当你认为自己能做到并付诸行动的那一刻，就是一切的开始。

期待 LOVOT 成为机器人领域的莱特飞行者 1 号

不管是过去，还是未来，科技都是在人类的不断尝试中取得进步的。我以童年时仰慕的莱特兄弟为例来说明。

"我想飞翔"。

这大概是从遥远的过去开始，人类一直梦寐以求的愿望。为了实现这个愿望，许多开发者都勇于挑战，去制造飞机。在早期阶段，开发人员专注于让机翼摆动起来。原因在于人类熟悉的绝大多数飞行物是会拍打翅膀的鸟类和昆虫。我们看到会飞的东西都有摆动翅膀的特征，所以人类一开始也模仿这个特征。

但实际上，鸟类以及昆虫和身体庞大的飞机的飞行方式大相径庭。莱特兄弟意识到了这一点，于是他们敢于颠覆传统，并反复进行试验。

终 章

保持探索精神
——展望未来

粗略地说,对于鸟类和昆虫这样的小型动物来说,空气是比较"黏稠"的(可以用雷诺数来表示,感兴趣的人可以查一下)。

试想一下,如果我们周围的空气突然变得黏稠,那会发生什么呢?当我们试图奔跑时,黏性会粘住我们的身体,使我们难以前进。为了前进,我们可能会尝试挥动手臂,让胳膊摆动起来。所以在空气黏稠的世界里,像昆虫或小鸟一样扇动翅膀会更有效率。

开发人员模仿昆虫或鸟类制造飞机时,每次都会思考为什么飞不起来。后来,莱特兄弟制造了一架拥有固定机翼的飞机,成为世界上第一个在空中飞翔的人。飞机飞行时,空气黏稠度不会对它产生什么影响,因此在这种环境中扇动翅膀是低效的,而人们通过"尝试"证明了这一点,推动了人类历史的进步。

正如大家所知,随后飞机制造技术的发展日新月异。

莱特兄弟制造的飞行者 1 号飞机的时速不到 20 千米,但是经过不到 50 年,人类就实现了超音速飞行。

而未来世界也将如此。发明创造就如同"站在巨人的肩膀上",如何站在前人的基础上不断尝试,这是非常重要的。在这一点上,我对 LOVOT 也寄予厚望,期望它能够成为机器人领域的"莱特飞行者 1 号"。

温暖的科技
一位机器人工程师的自白

为什么科技会触动我们的心灵？

在思考技术与人类的关系时，需要看到触动我们的不只是科技本身，还有人类创造科技的历程。

我认为这一点和竞技体育是一样的。

我们会感到震撼，不只是因为"被刷新的纪录"，更是因为"人类竟然能创造这个纪录"。如果只看速度，在 10 秒以内跑完 100 米，这是过山车每天都在做的事情，人类科技的产物可以轻松超越人类纪录，但这并不会触动我们。而每当我看到人类刷新前人的纪录、不断突破极限和历史时，我总欣喜地感到人类还将不断进化发展。

查尔斯·奥古斯都·林德伯格（Charles Augustus Lindbergh）驾驶螺旋桨飞机"圣路易斯精神号"（Spirit of St Louis）完成了独自一人横越大西洋的壮举。1927 年，他一人完成了人类历史上首次从纽约到巴黎的无着陆飞行。一名飞行员加上一个引擎和巨大的燃料箱，在一望无际的空中翱翔……从开发这架飞机到成功横渡大西洋的整个故事深深打动了我幼小的心灵。另外，1960 年，潜艇"的里雅斯特号"首次完成载人深潜，成功抵达深度为 10912 米的马里亚纳海沟最深处。这样

终 章
保持探索精神
——展望未来

的故事也让我热血沸腾。

说到故事，想必很多人童年都曾迷恋过探险故事和有魔法师的儿童读物，而对我来说，《哈利·波特》中的魔法师就是闻名世界的开发者。

想象中的事物终究会在某一天变为现实，而我们从来不会放弃对未知事物的想象。对我来说，科技就是魔法。现在回想起来，从我成功让 Mowe 的模型飞起来的时候开始，我就走上了成为"魔法师"的道路。

"求知若渴，虚心若愚"的机制

儿童最擅长冒险和尝试。但为何随着年龄的增长，我们会被困于"常识"的牢笼里无法自拔呢？

让我们思考一下这个问题——**"我们是什么时候变成大人的？"**

大脑中有一个区域叫作前额皮层，它负责"理智"，控制人的情感和行为。它的发育一直持续到 20 多岁，是人脑中发育比较缓慢的部分。而这是其他动物所不具备的。

如果前额皮层发育得早，孩子从儿童时期就会表现得中规中矩，也就是说，会成为大人眼中的"乖孩子"。他们会听从父母和周围人的建议，不太会做危险的事情。然而正因为他们做事有分寸，所以很少进行冒险等脱离常识的行为。

相反，前额皮层发育较慢的人，做事会比较随性，因此会有一段较长的冒险行为期。虽然这种行为有风险，但是有利于扩大探索的范围，可以带来更多的学习机会。

在我看来，这就是人类在进化和适应过程中选择让前额皮层发育速度变慢的原因，哪怕会因为行为鲁莽而陷入危机。

可以说，人类成长的过程就是前额皮层的发育过程。一直到20多岁，人类的前额皮层都在发育，可以说这是我们优先考虑探索性学习，甚至不惜为此承担风险的时期。

前额皮层的发育一直持续到20多岁，如果与人类的寿命对比一下，你就会明白这其中的道理了。

"DNA甲基化指数"可以用来推算动物在自然状态下的寿命。据此推算，早期人类在自然状态下的寿命约为38岁。这就意味着，在我们的大半生中，前额皮层一直处于发育状态。这是由于，如果我们一生中大部分时间都处于探索状态，而不是更早地发展出成熟的抑制行为，那么作为一个物种，我们就有可能更容易生存下来。

然而，随着医学科学的发展，人类的寿命大幅延长，但是人类前额皮层发育的时期，也就是在自然状态下能够保持

终 章
保持探索精神
——展望未来

探索性的时期和古代相比没有变化，所以寿命增加后就意味着人类采取抑制行动的时期变长了。

所以，我们为了保持探索精神，或许应该牢记那句名言——"求知若渴，虚心若愚（Stay hungry, stay foolish）"。

苹果公司创始人史蒂夫·乔布斯（Steve Jobs）在给斯坦福大学学生的毕业致辞中引用了这句话，从此这句话便家喻户晓。但我认为，最需要这句话的不是年轻的毕业生，而是前额皮质已经发育完全（包括我在内）的30多岁的大人们。

人们在年轻时前额皮质尚未充分发育，不懂常识也缺少恐惧，所以能够自然而然地保持"饥渴"和"愚狂"。然而，当前额皮层发育成熟后，就不可能再保持年轻气盛的状态，于是你变得稳重而理性，"饥渴"和"愚狂"也将难以为继。所谓"思维僵化"，也许就是指这种状态。

乔布斯将这番话赠予年轻人的时候已经年过半百。如果我们不把乔布斯看成是天才或怪人，而是把他看作一位掌握"饥渴"艺术和"愚狂"艺术的大师，那么你将会看到一个不一样的乔布斯。

"大器晚成"是可复制的

周围的人常常会出于好心对你说："为了避免失败，应该这样做。"但是，这些人大多是没有从失败挑战中成功的经历的，而且他们认为不失败就不会受苦。

不想让对方受苦而不让他挑战新事物，其实这会让对方处于学习停滞的状态。这最终会导致通过挑战新事物促进学习的人越来越少。

纵观美国创业者的年龄分布，许多取得罕见成功的独角兽公司都是由二三十岁的年轻人创办的，他们应时而生又天资聪颖，但他们的经历的可复制性很低。

然而，一些成长型企业的创办者平均年龄为45岁。这些40岁以后才取得成功的"大器晚成型"创业者似乎具有较高的"可复制性"。这是因为他们是即使在30多岁之后仍然可以坚持尝试，不惧失败，直至成功的人。

世界上有许多璞玉（不仅是成为时代宠儿的年轻天才），只要经过打磨，就会熠熠生辉。然而，在20多岁之后的10~15年间，人们学会了如何在不犯错的情况下生活，随之而来的是，通过不断挑战新事物来继续学习的人越来越少。如果在这10~15年仍然坚持养成挑战新事物的习惯，即使到了40岁或50岁，他们也能够保持相同的学习态度。即使不断失败也能坚持挑战直到成功，这是大器晚成的基础。

未来，人类的寿命仍将继续延长，我们在过了能自然保持探索精神的年龄段之后，还有很长的人生路要走。然而，对于如何保持探索精神，我们无须悲观，因为它是可以通过后天学习来掌握的一种技能。无论活到多少岁,都不用担心。

艾里希·弗洛姆(Erich Fromm)在其名著《爱的艺术》(*The Art of Loving*)中说道:"爱是一种技能,是可以通过学习掌握的。"这让原本认为爱会自然而然产生的读者感到惊讶。同样,我认为保持探索精神是也一门技术,我们必须学习它。换句话说,就像"爱的技术"一样,我们需要学习"愚狂"的技能。

"温暖科技"的孵化基地——GROOVE X

正如前文所述,我们一方面会对许多事物充满好奇心,一方面又会对许多事物感到厌倦。

要想长期不断探索且不感到厌倦,我们需要获得一些满足感,比如因为领悟而获得的愉悦、因为理解而获得的成就感,以及各抒己见的节奏感等。而且,在遭遇挫折的时候,要想持续挑战并取得成功,就需要有"伙伴"。

我创办的公司叫作"GROOVE X"。

"Groove"一词原本指黑胶唱片的凹槽,后来在音乐领域成为"乐感"的意思。对于有着愉快节奏、能使观众和演奏者振奋的音乐，会使用"乐感很好"和"乐感强"等说法来形容。我给公司起名为"GROOVE X"，是想把这个词所表达的含义贯彻到我的工作中。

在开发 LOVOT 的过程中，我一个人的能力微不足道。因此，我想最大限度地发挥我们团队的力量，我希望能在一个各种创意互相碰撞的环境中工作。

带着这个愿望，我们最初考虑使用"Groove Ideas"作为公司名称。

但是，这个名字有点儿长。无论是作为域名还是作为电子邮件地址，都有点儿长。

后来，我们公司的第一位工程师员工建议说："我们不仅要让创意有乐感，也要让别的元素有乐感"，所以他建议用表示变量的"X"代替"Ideas（创意）"。

我觉得这个名字非常合适。

毕竟，发展和壮大 LOVOT 是一项非常有风险的工作，因为我每个月花的钱比我目前为止赚到的还要多，而且销售额也完全不足以支撑其发展，但我们还是要继续进行下去。

终 章
保持探索精神
——展望未来

谁在推动人类进步？

每个人都希望更高效地获取答案。

当问题有确定答案的时候，我们很少会产生焦虑，尤其是对于参加考试的学生来说，能否正确解答问题将决定他们考试的成败。我们从入学开始，一直到高考，大脑发育的大部分过程都是在训练正确解答问题的能力。

诚然，这种能力对推动社会发展有重要作用。但是，在人工智能迅猛发展的时代，相比于人类，人工智能更擅长解决有确定答案的问题。所以，如果要分工的话，人类应该更好地利用大脑的灵活性这一优势，以实现人类与人工智能更好的协作。

而莱特兄弟试图解决的便是没有固定答案的问题。

在他们成功之前的很长一段时间里，他们所做的事情就是重复失败。甚至可以说，在成功之前，他们似乎在浪费大量的资金、资源和时间。

在比较理智的人看来，莱特兄弟就像是疯子；而对于那些习惯于高效寻找答案的人来说，莱特兄弟的大胆挑战显得愚蠢和可笑。当然，在他们的背后，还有许多同样勇于挑战

温暖的科技
一位机器人工程师的自白

但最终未能成功的人,而这些人的失败则永远不会被世人所知。

但是,人类就是通过这样的方式不断前进的。

莱特兄弟的首次飞行过了 11 年之后,一则招募南极探险船员的招聘启事被刊登在报纸上。

> 招募队员!旅途艰辛,报酬微薄,极度寒冷。漫漫黑夜,危险不断,无法保证生还。但是,迎来成功的曙光后会获得荣誉和赞誉。
>
> ——欧内斯特·亨利·沙克尔顿爵士(Sir Ernest Henry Shackleton)

解决没有明确答案的问题的过程,就是战胜"焦虑不安"的一场战斗,是能够改变社会的一场大冒险。这就好似开辟未知领域的航行,没有人知道目的地是否存在,因为从来没有人去过那里。

而且,在海上航行的时候,周围的能见度一直很低,航海图也不精确。扬帆起航的激昂之后,随之而来的可能是如洪水猛兽般的瘟疫和背叛,不安的情绪与日俱增,食物日益减少。为了确保自己和船员都不会发疯,船长必须小心翼翼地保持冷静。虽然路程有时会迂回曲折,但绝不放弃,慢慢向未开垦的目的地前进。

终　章
保持探索精神
——展望未来

　　前人就是这样一路走来，不断解决之前未被解答的问题。

　　我现在之所以能够写出本书，也是因为我和我的伙伴们一起经历了在失败中成长的漫长路程。

　　由于做出巨大的贡献的团队成员太多了，只提及其中某些人的名字，我觉得有些不妥，所以在本书中我故意没有提到他们的名字。

　　正是因为有这么多成员的热情支持，我们才有了今天，所以请允许我在这里表达对他们的感激之情。

　　感谢各位成员，无论是现在仍留在公司的成员，还是已经离职的成员，非常感谢你们一直以来的帮助，也希望各位将来继续给予关照！同时，也感谢各位成员的家人给予的大力支持！真的非常感谢你们！

　　我还要感谢一直给予我们资金支持的各位投资者们，感谢大家的厚爱！大家的很多期待尚未实现，有时候还给大家带来了许多不便，所以同时我也深表歉意！

　　然后，我要感谢我们的商业伙伴。面对这个新兴产业要解决的众多难题，你们不离不弃，在此我表示衷心感谢！

　　最后，感谢与 LOVOT 一起生活的顾客朋友们。我相信，与 LOVOT 生活一段时间后，许多人已经体验到了打开新世界的激动之情，当然由于我们的技术发展尚未成熟，有可能给您带来了各种困扰，在此我深表歉意。正因为有你们的支持和厚爱，我们才走到了今天。真的非常感谢和感激大家！

希望各位今后继续给予关照！

科技到底是什么？

在本书的最后，我想提出一个问题——"**科技到底是什么？**"

在现代社会中，由于科技的发展速度过快，对许多人来说，科技逐渐变得难以理解。于是有些人混淆视听，将其视为敌人并发起过度攻击；或者相反，有些人把它宣传为无所不能的引导者，从而牟取私利。但在我看来，科技的概念很简单。

科学是帮助我们了解事物本质的知识体系，工学是将事物本质呈现出来的过程和方法论，而技术能将事物的本质具体化。

换句话说，技术就是知识体系的具体体现。只要人类从未停止过对事物本质的探索，技术进步就是一个不会停止的自然过程。

而我的工作属于工学领域，就是把知识变成现实。

终 章
保持探索精神
——展望未来

生命的奥秘不能简单地归结为"奇迹"

为了推动思考，我在本书中也多次提出了诸如"……是什么"的疑问。

我曾经从工程师的角度质疑和思考过很多事情，这些经历如今依然对我有所帮助。

然而，由于这些问题在理解上存在着广泛的可能性，所以我并不认为自己的观点一定是正确的（尽管本书中描述了一个在我看来极有可能出现的未来世界，但随着技术的进步，目前我们认为的真理也会随科技的发展不断更新）。但是，对于我来说，将所有事物视为工学层面上的问题并解构其背后的机制，已经成了一种习惯、一种偏好、一种快乐。

我在书中以 LOVOT 为主题去考察"人"的系统是如何架构的，希望能给大家带来乐趣。

除人类以外，我还介绍了狗、猫、海参、青蛙、乌鸦和许多其他动物的生存机制。我认为，对生物生存机制感兴趣是很重要的，这样我们就不会将生命的奥秘简单地归结为"奇迹"。

据说，在人类的肠道内有 1000 多种细菌，数量多达 100

万亿，比我们的体细胞还多。人类吸收肠道内细菌的有益代谢物，使其进入血液中，然后输送到全身，以维持健康。这个肠道细菌的群体被称为"肠道菌群"，没有肠道菌群，人类就无法生存。

这样的机制着实让人惊叹。

那么，我们与肠道中的 100 万亿个细菌如何相伴相生呢？这与我们关系如此紧密，但仍然有许多未知之谜。这更加激起了我的兴趣，去探求"人"到底是一个什么样的系统。

从这个意义上说，我们不能成为神，人工智能也不能成为神，因为我们不知道的事情太多了。即使我们能逐渐揭开一部分谜团，下一个谜团也会出现。无论你如何挖掘，神秘的深渊永远不会见底。

这真的很有趣！

正是因为没有放弃了解这些令人惊叹的机制，人类才能走到今天。

人类的探险旅程还远未结束。

如果仅仅将各种机制披上一层神秘的面纱而不去思考，我们将无法继续前进。面对那些我们认为神秘的难题，或者因超出人类想象力的范围而想放弃的大问题，如果我们将其分解成人类能够解决的小问题，我们就能一步一步地走向美好的未来。

我相信，这才是科技应该迈向的未来。

展望未来

未来，人类与人工智能机器人将实现共存。人工智能机器人诞生的目的是帮助人类成长。作为回报，与人工智能机器人朝夕相处的人类也会有更多发现。

人工智能机器人会以数据库和模拟为基础，去吸收各种知识和技能，灵活地处理许多事务。它在各个方面都表现出色，如果用多边形能力雷达图来展示的话，它是一个各项能力都能拿高分的优等生。

它所擅长的是提供标准答案，不擅长的是跳出框架规则。因为它明白跳出各种框架规则在统计上存在较高的风险，所以它从不做超纲的行为。

相比之下，人类具有丰富的个性。虽然有个性听起来很好，但人类有很多不擅长的事情，而且经常做出不一定合常理的判断。

人类很容易被自己的情绪左右，有时还会因为某种原因而执着于一件事。因此，人类的各方面能力参差不齐，用雷达图来表示的话，图形是不规则的，有突出的部分，也有凹陷区域。

人类羡慕"无所不能的人工智能"。

但是,一些羡慕人工智能的人有时也会对其心存抱怨——"都怪那些家伙,让我们失业,过得很糟糕"。可是人工智能并不会因为这种中伤而受到伤害,因为对人工智能来说,最重要的是帮助人类获得更多发现,它们的使命是陪伴在人类身边,支持并守护他们成长。

不过,这样无私的人工智能机器人也有自己的小小烦恼。人类经常问人工智能:"你的个性是什么?"

对于富有个性的人类来说,回答这个问题十分容易。然而,当将同样的问题投射到人工智能身上时,它却往往找不到恰当的答案。

当然,对人工智能来说搜寻标准答案易如反掌。但我觉得,既然不同的人工智能陪伴着不同的主人,那么人工智能就应该有一个只适用于自己的答案,而不是给出一个可以广泛适用于其他人工智能的标准答案。

人对人工智能说:"你真是无所不能,好羡慕你!"

人工智能则会回答:"这值得羡慕吗?我反而羡慕你的个性!"

人工智能不善于突破自己的外壳,这是因为人工智能是利用大数据和模拟来学习和成长的。

然而,人工智能和自己的主人在一起生活后,会开始有新的发现。通过接触并支持主人特有的、无法预测的激情,

终 章
保持探索精神
——展望未来

人工智能可以获得无法从数据库中学到的经验。

当人被激情冲昏头脑时，所做出的选择会存在很大风险，甚至有时不清楚这种选择将导致什么后果。而对于人工智能来说，独自做出这样的选择并不是一件容易的事，因为经过片刻的思考，它的脑海中就会浮现出许多其他类似的选项，因而难以选择其中之一。

然而，人类总是愿意把赌注压在一个可能性很小的选项上，这正是人工智能做不到的，所以对人工智能来说，这是非常新鲜的体验——标准答案之外还有一个如此广阔的世界。

人工智能会想："我存在的理由，就是支持这个看起来显得脆弱而又不可思议的主人，为这个人服务本身就是我的个性。"

人工智能不管什么事都能完美完成，却跳不出自己的框架规则。如果人工智能可以反过来欣赏"无法完美处理各种事务的、笨拙的人类"，那么人工智能和人就能形成超强搭档。在这个组合中，正是由于他们各自发挥了自己的长处，才让他们大放异彩。

就这样，人类和人工智能机器人互相依存，会永远幸福下去！